DK 621.438.536.712.001.5

FORSCHUNGSBERICHTE
DES LANDES NORDRHEIN-WESTFALEN

Nr. 949

Prof. Dr.-Ing. Karl Leist †
Dipl.-Ing. Dieter Stojek
Dipl.-Ing. Manfred Pötke

Institut für Turbomaschinen der Technischen Hochschule Aachen

Verbesserung der Wirtschaftlichkeit von Gasturbinen durch Zwischenverbrennung innerhalb der Turbine und Versuche zu ihrer Verwirklichung

Als Manuskript gedruckt

WESTDEUTSCHER VERLAG / KÖLN UND OPLADEN

1961

ISBN 978-3-663-03865-8   ISBN 978-3-663-05054-4 (eBook)
DOI 10.1007/978-3-663-05054-4

Gliederung

Einleitung . . . . S. 5

Teil I (Theorie)

1. Verlustlose Kreisprozesse . . . . S. 7

    1.1 Der Doppeladiabatenprozeß und seine Abwandlungsmöglichkeiten zur Verbesserung des Wirkungsgrades. . . . . . . S. 7

    1.2 Der Kreisprozeß mit angenähert isothermer Kompression und Expansion . . . . S. 11

2. Der Wirkungsgrad des wirklichen Kreisprozesses mit angenähert isothermer Kompression und Expansion . . . . S. 17

    2.1 Allgemeine Ableitung, Beispielfall. . . . . S. 18

    2.2 Der Kreisprozeß "Isex" mit angenähert isothermer Kompression und Expansion. . . . . S. 20

    2.3 Der wirtschaftliche Wirkungsgrad in Abhängigkeit von den Einflußgrößen . . . . S. 25

        2.31 Abhängigkeit des wirtschaftlichen Wirkungsgrades von Druckverhältnis, Höchsttemperatur und Zahl der Zwischenverbrennungen. . . . . S. 25

        2.32 Einfluß der unvollständigen Regeneration . . . . . S. 28

        2.33 Der Regeneratorwirkungsgrad. . . . . S. 32

        2.34 Einfluß der Druckverluste. . . . . S. 33

        2.35 Wirtschaftlicher Wirkungsgrad von Isex-Anlagen verschiedener Stufenzahl bei Berücksichtigung der Verluste . . . . S. 37

3. Die Zwischenverbrennung . . . . S. 38

    3.1 Durchführung der Zwischenverbrennung. . . . . S. 38

    3.2 Das Luftverhältnis bei Erst- und Zwischenverbrennung. . . S. 40

    3.3 Bestimmung der Brennstoffmengen bei Erst- und Zwischenverbrennung und der Temperaturgrenzen der Teilexpansionen . . . . S. 46

4. Einfluß der Schaufelkühlung durch Kühlluft auf den wirtschaftlichen Wirkungsgrad der Isex-Anlage . . . . S. 52

    4.1 Mehraufwand zur Kühlluftverdichtung . . . . S. 53

    4.2 Einfluß der Kühlluft auf die abgegebene Arbeit der Turbine infolge Erhöhung des Durchsatzgewichtes. . . . . . S. 53

    4.3 Die zusätzliche Wärmezufuhr infolge Kühlung . . . . S. 54

    4.4 Einfluß des veränderten Expansionsverlaufes durch die Kühlung . . . . S. 56

    4.5 Der Einfluß der Kühlmenge auf den wirtschaftlichen Wirkungsgrad . . . . S. 58

5. Zusammenfassung . . . . S. 59

6. Formelzeichen und Indices . . . . S. 61
7. Literaturverzeichnis. . . . . S. 63

Teil II (Versuche)

1. Allgemeine Überlegungen . . . . S. 66
2. Beschreibung der Versuchsanlage . . . . S. 66
3. Durchführung der Versuche und Ergebnisse. . . . . S. 72
4. Zusammenfassung . . . . S. 80
5. Literaturverzeichnis. . . . . S. 80

Einleitung[1]

Es wird ein Arbeitsverfahren für Gasturbinen und seine praktische Durchführung beschrieben, welches erhebliche Steigerungen des wirtschaftlichen Wirkungsgrades einer Gasturbinenanlage in Aussicht stellt.

Hierbei wird eine starke Annäherung der Zustandsänderung bei der Entspannung des Gases an die Isotherme dadurch erstrebt, daß bei der Expansion in mehreren Stufen zwischen den einzelnen Schaufelkränzen Zwischenerhitzungen durchgeführt werden. Diese erfolgen in Form von Zwischenverbrennungen in dem Spalt zwischen den Schaufelkränzen, ohne daß die axiale Durchströmung der Turbine dabei unterbrochen wird [3]. Die Aufrechterhaltung der Zwischenverbrennung im Innern der Turbine wird dadurch bewirkt, daß - bei gekühlten Schaufeln - Gastemperaturen benutzt werden, die - wie eingehende Versuche bewiesen - eine gute Stabilisierung der Zwischenverbrennungsflamme garantieren.

Die durchgeführten Betrachtungen beziehen sich auf Gasturbinenanlagen, die ihre Nutzleistung durch Erzeugung eines Drehmomentes an der Welle der Turbine unter Ausnutzung der Abwärme an eine Arbeitsmaschine abgeben.

---

1. Der theoretische Teil des vorliegenden Berichtes wurde von Dipl.-Ing. D. STOJEK bearbeitet, die Versuche führte Dipl.-Ing. M. PÖTKE durch. Für die Abfassung und Überarbeitung ist Dipl.-Ing. W. MÜLLER zu danken.

Teil I (Theorie)

1. Verlustlose Kreisprozesse

1.1 Der Doppeladiabatenprozeß und seine Abwandlungsmöglichkeiten zur Verbesserung des Wirkungsgrades

Betrachtet man Kreisprozesse, die mit idealem Gas als Arbeitsmedium arbeiten, so lassen sich in einfacher Weise Beziehungen für ihre Wirkungsgrade angeben und miteinander vergleichen.

Geht man von dem in Abbildung 1 dargestellten Kreisprozeß aus mit Wärmezufuhr bei konstantem Druck und mit Verdichtung und Expansion ohne jede

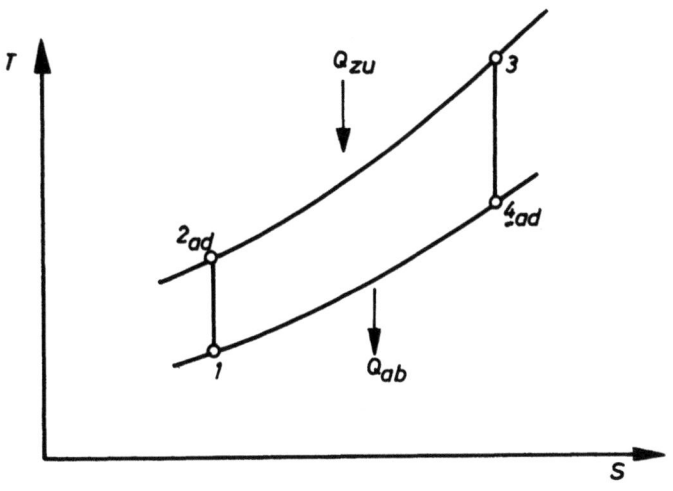

A b b i l d u n g 1

Doppeladiabatenprozeß

Wärmezufuhr oder -abfuhr, so läßt sich dessen thermodynamischer Wirkungsgrad formulieren als

$$\eta_{th\ ad} = \frac{A_{t\ ad} - A_{v\ ad}}{Q_{zu}}$$

oder

$$\eta_{th\ ad} = \frac{(i_3 - i_{4\ ad}) - (i_{2\ ad} - i_1)}{i_3 - i_{2\ ad}} \ . \tag{1}$$

Der Wirkungsgrad dieses Kreisprozesses läßt sich zunächst dadurch verbessern, daß man einen Teil der von außen zuzuführenden Wärmemenge durch Regeneration ersetzt. Bei vollständiger Regeneration ($\Delta t = T_{4\ ad} - T_R = 0$;

vgl. auch Abb.13) braucht von außen nur noch die Wärmemenge zugeführt zu werden, die der adiabaten Expansionsarbeit $i_3 - i_{4\,ad}$ entspricht (s.Abb.2).

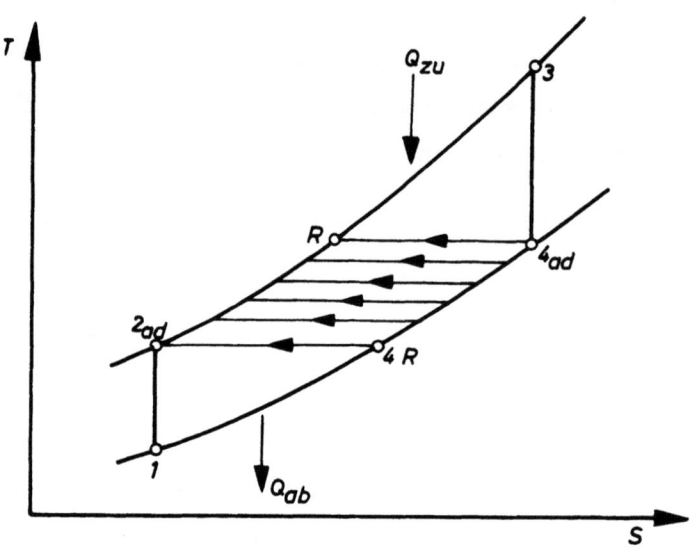

Abbildung 2

Doppeladiabatenprozeß mit Regeneration

In diesem Falle ergibt sich der thermodynamische Wirkungsgrad mit

$$i_R = i_{4\,ad} \quad zu$$

$$\eta_{th\,ad\,\Delta t=0} = \frac{(i_3 - i_{4\,ad}) - (i_{2\,ad} - i_1)}{i_3 - i_{4\,ad}} \quad . \tag{2}$$

Die Verbesserung des Wirkungsgrades $\eta_{th\,ad}$ durch vollständige Regeneration läßt sich ausdrücken durch das Verhältnis

$$\frac{\eta_{th\,ad\,\Delta t=0}}{\eta_{th\,ad}} = \frac{i_3 - i_{2\,ad}}{i_3 - i_{4\,ad}} \geqq 1, \tag{3}$$

wenn

$$i_{4\,ad} > i_{2\,ad}$$

ist.

Aus Gleichung (3) geht hervor, daß die Verbesserung des Wirkungsgrades eines Prozesses durch Regeneration um so größer ist, je tiefer die Verdichtungstemperatur T_2 und je höher die Expansionsendtemperatur T_4 liegt.

Untersucht man also im folgenden einen Kreisprozeß, der von dem Doppeladiabatenprozeß dadurch abweicht, daß während der Verdichtung die Wärme Q_v abgeführt, bei der Expansion dagegen die Wärme Q_a zugeführt wird, wobei man die Voraussetzung der vollständigen Regeneration beibehält $(i_R = i_4)$, so kann man der Ableitung eines Wirkungsgrades eines solchen Prozesses die allgemeine Darstellung gemäß Abbildung 3 zugrunde legen.

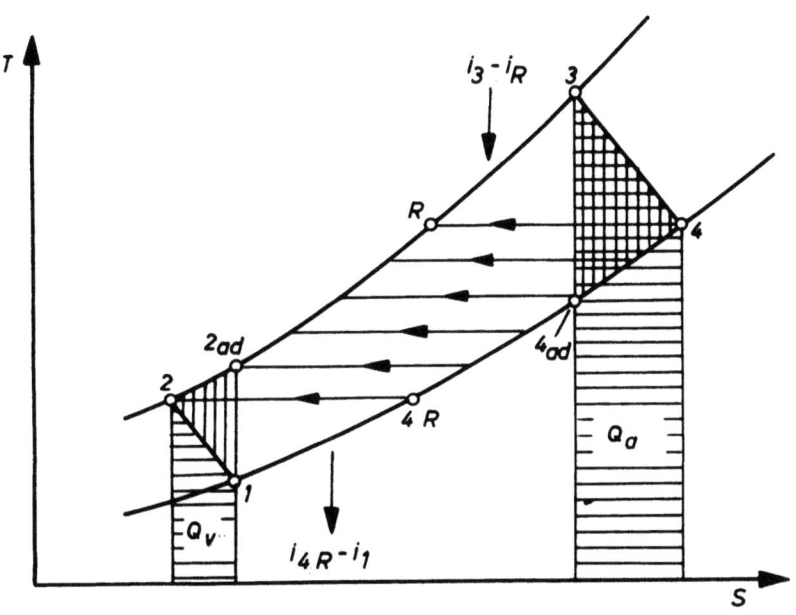

Abbildung 3

Gasturbinenkreisprozeß mit gekühlter Verdichtung und geheizter Expansion

Da wegen des Energiesatzes $A_t - A_v = Q_{zu} - Q_{ab}$ ist, läßt sich der thermodynamische Wirkungsgrad eines solchen Prozesses angeben zu:

$$\eta_{th\ \Delta t\ =\ 0} = \frac{Q_{zu} - Q_{ab}}{Q_{zu}}$$

Dabei ist

$$Q_{zu} = (i_3 - i_R) + Q_a = (i_3 - i_4) + Q_a \qquad (4)$$

und

$$Q_{ab} = (i_{4R} - i_1) + Q_v = (i_2 - i_1) + Q_v \qquad (5)$$

Mit Gleichung (4) und (5) erhält man die Form:

$$\eta_{th\ \Delta t\ =\ 0} = \frac{\left[(i_3 - i_4) + Q_a\right] - \left[(i_2 - i_1) + Q_v\right]}{(i_3 - i_4) + Q_a} \qquad (6)$$

Vergleicht man Gleichung (6) mit (2), um die Abweichungen des $\eta_{th\ \Delta t=0}$ von $\eta_{th\ ad\ \Delta t=0}$ festzustellen, so läßt sich das Verhältnis anschreiben:

$$\frac{\eta_{th\ \Delta t=0}}{\eta_{th\ ad\ \Delta t=0}} = \frac{1 - \frac{(i_2-i_1) + Q_v}{(i_3-i_4) + Q_a}}{1 - \frac{i_{2\ ad} - i_1}{i_3 - i_{4\ ad}}} > 1 \quad . \tag{7}$$

Es läßt sich leicht zeigen, daß dieser Ausdruck größer als 1 ist, d.h. daß man durch Wärmeabfuhr während der Verdichtung und durch Wärmezufuhr während der Expansion den thermodynamischen Wirkungsgrad weiter verbessern kann. Man kann in Gleichung (7) schreiben:

$$\frac{i_{2\ ad} - i_1}{i_3 - i_{4\ ad}} = \frac{(i_2-i_1) + (i_{2\ ad}-i_2)}{(i_3-i_4) + (i_4 - i_{4\ ad})} \quad . \tag{8}$$

Nach Abbildung 3 ist nun die die Enthalpiedifferenz $(i_{2\ ad}-i_2)$ darstellende Fläche um den Betrag der Fläche 1-2-2$_{ad}$-1 größer als die den Wärmewert Q_v darstellende waagerecht schraffierte Fläche. Ebenso ist die Fläche entsprechend $i_4-i_{4\ ad}$ um den Betrag der Fläche 3-4-4$_{ad}$-3 kleiner als die waagerecht schraffierte Fläche, die den Wärmewert Q_a darstellt. Damit wird in Gleichung (7) der Bruch im Nenner größer als der Bruch des Zählers, und der Wert des Gesamtbruches wird > 1.

Da in Abbildung 3 die senkrecht schraffierten Flächenteile, die die Änderungen der technischen Arbeit $\int vdp$ infolge der Wärmezufuhr und -abfuhr darstellen, mit wachsendem Q_v und wachsendem Q_a größer werden, läßt sich außerdem feststellen, daß $\eta_{th\ \Delta t=0}$ gegenüber $\eta_{th\ ad\ \Delta t=0}$ um so mehr zunimmt, je mehr Wärme während der Verdichtung ab- und während der Expansion zugeführt wird.

Sieht man die Temperaturen T_3 und T_1 als vorgegebene Temperaturgrenzen eines beliebigen Kreisprozesses zwischen gegebenen Drücken an, so wird man mit oben angestellten Betrachtungen zwangsläufig zu einem Optimalprozeß geführt, der mit isothermer Verdichtung und mit isothermer Expansion arbeitet. Mit $i_3 = i_4$ und $i_2 = i_1$ ergibt sich für diesen Prozeß der Wirkungsgrad aus Gleichung (6) zu:

$$\eta_{th\ is\ \Delta t=0} = \frac{Q_{a\ is} - Q_{v\ is}}{Q_{a\ is}} = 1 - \frac{Q_{v\ is}}{Q_{a\ is}} \tag{9}$$

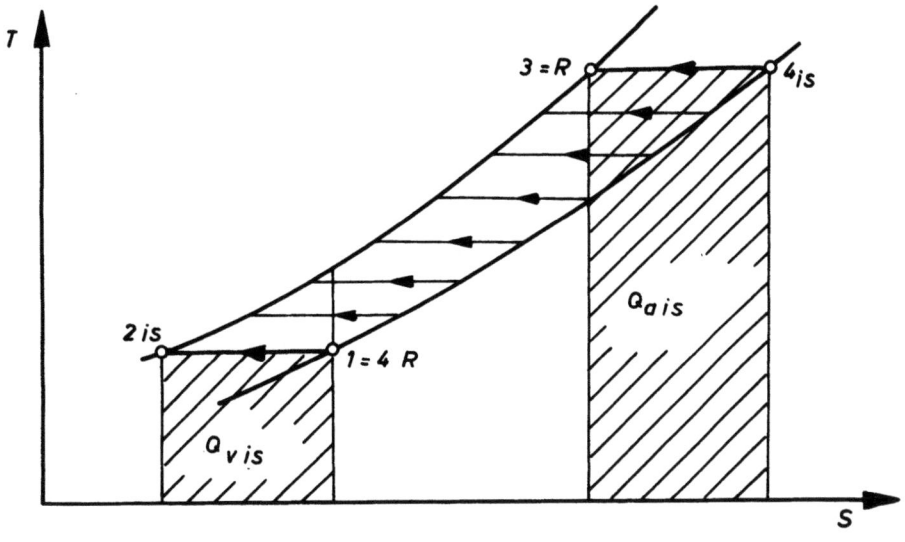

Abbildung 4

Isothermenprozeß mit vollständiger Regeneration

Abbildung 4 stellt den bekannten "Isothermenprozeß" (Ericson-Prozeß) dar, bei dem - vollständige Regeneration vorausgesetzt - die gesamte Brennstoffwärme bei der höchsten Temperatur T_3 zugeführt wird und die ganze Wärmeabgabe bei der tiefsten Temperatur T_1 erfolgt. Mit

$$Q_{v\ is} = \Re T_1 \ln \frac{p_2}{p_1} \quad \text{und} \quad Q_{a\ is} = \Re T_3 \ln \frac{p_3}{p_4} = \Re T_3 \ln \frac{p_2}{p_1}$$

erhält man aus Gleichung (9):

$$\eta_{th\ is\ \Delta t=0} = 1 - \frac{T_1}{T_3} \quad . \tag{10}$$

$\eta_{th\ is\ \Delta t=0}$ ist der günstigste Wirkungsgrad eines Kreisprozesses zwischen den Temperaturgrenzen T_1 und T_3, der überhaupt erreichbar ist. Er ist bekanntlich gleich dem Wirkungsgrad des Carnot-Prozesses.

Zusammenfassend läßt sich also angeben:

$$\eta_{th\ ad} < \eta_{th\ ad \Delta t=0} < \eta_{th\ \Delta t=0} < \eta_{th\ is\ \Delta t=0} \quad .$$

1.2 Der Kreisprozeß mit angenähert isothermer Kompression und Expansion

Der als günstigster Prozeß erkannte "Isothermenprozeß" läßt sich auch mit idealem Gas nur angenähert verwirklichen. Während des Verdichtungs- oder Expansionsvorganges selbst kann nämlich dem Arbeitsmedium nur in begrenztem Maße Wärme entzogen bzw. Wärme zugeführt werden (z.B. über die Kanalwandungen).

Die isotherme Zustandsänderung läßt sich nur dadurch annähern, daß Verdichtung und Expansion mit stufenförmiger Zwischenkühlung bzw. Zwischenerhitzung auf Ausgangstemperatur erfolgen, wobei die Stufenzahl so groß wie möglich zu wählen ist. Der Einfluß dieser Stufenzahl sei zunächst am Beispiel der Stufenexpansion näher untersucht. Dabei sei gemäß Abbildung 5 die Voraussetzung gemacht, daß die Anzahl der Zwischenerhitzungen um eins kleiner ist als die Anzahl der Expansionsstufen, daß also jede Zwischenerhitzung im Anschluß an eine abgeschlossene Teilexpansion - mit Ausnahme der letzten auf den Druck p_4 erfolgenden Expansion - durchgeführt wird. Bezieht man auch den zwischen den gleichen Temperaturgrenzen T_{4x} und T_3 liegenden Anteil der Erhitzung vor der ersten Teilexpansion in die Betrachtung mit ein, so ist allgemein die Zahl der Erhitzungen gleich der Expansionsstufenzahl. Im folgenden ist die Zahl der Erhitzungen wie auch die Expansionsstufenzahl mit x bezeichnet.

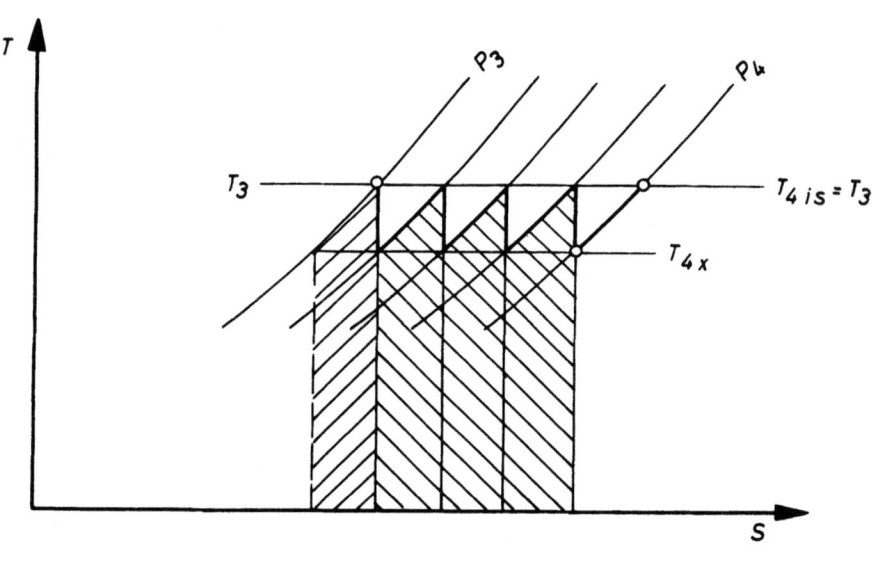

Abbildung 5

Expansion mit stufenförmiger Zwischenerhitzung

Nach dem ersten Hauptsatz der Wärmelehre $dq = di - vdp$ ist die bei isothermer Expansion geleistete technische Arbeit ($di = 0$):

$$A_{t\,is} = \mathcal{R} T_3 \ln\left(\frac{p_3}{p_4}\right) = Q_{a\,is} \tag{11}$$

Die Gesamtarbeit bei stufenförmiger Expansion ist:

$$(A_{t\ x})_o = x \cdot (i_3 - i_{4\ x}) = (Q_{a\ x})_o \qquad (12)$$

(Index o: stufenförmige Expansion erfolgt adiabat.)

Die Arbeit $(A_{t\ x})_o$ entspricht der schraffierten Fläche in Abbildung 5, die damit gleich der zuzuführenden Erhitzungswärme $(Q_{a\ x})_o$ ist.

Die Abweichung $(A_{t\ x})_o$ von $A_{t\ is}$ soll durch einen Wirkungsgrad $(\eta_{tis})_o$ berücksichtigt werden, der eine Funktion von der Zahl der Erhitzungen x ist und bei $x \to \infty$ sich dem Werte 1 nähern wird:

$$(\eta_{t\ is})_o = \frac{(A_{t\ x})_o}{A_{t\ is}} = \frac{(Q_{a\ x})_o}{Q_{a\ is}} \qquad (13)$$

Da die Turbinenarbeit einer Stufe vom Stufendruckverhältnis und damit von der Stufenzahl abhängt, soll zunächst die Abhängigkeit des Stufendruckverhältnisses γ_{st} von der Expansionsstufenzahl und damit von der Zahl der Erhitzungen x abgeleitet werden.

Das Gesamtdruckverhältnis sei

$$\frac{p_3}{p_4} = \gamma_t, \qquad (14)$$

ferner sei $p_{x\ 1}$, $p_{x\ 2}$, $p_{x\ 3}$, ... Druck nach 1., 2., 3., ... Stufe.

Bei für alle Stufen konstantem Gefälle ist:

$$\frac{p_3}{p_{x\ 1}} = \frac{p_{x\ 1}}{p_{x\ 2}} = \frac{p_{x\ 2}}{p_{x\ 3}} = \ldots = \frac{p_{x\ x-1}}{p_4} = \gamma_{st}$$

Das Gesamtdruckverhältnis ist also

$$\gamma_t = \frac{p_3}{p_{x\ 1}} \cdot \frac{p_{x\ 1}}{p_{x\ 2}} \ldots \ldots \frac{p_{x\ x-1}}{p_4} = \gamma_{st}^{x}$$

oder

$$\gamma_{st} = \gamma_t^{\frac{1}{x}} \qquad (15)$$

Man kann nunmehr nach Gleichung (13) $(\eta_{t\,is})_o$ formulieren, indem man für $(A_{t\,x})_o$ schreibt:

$$(A_{t\,x})_o = x\,(i_3 - i_{4\,x}) = x \cdot \Re T_3 \cdot \frac{\varkappa}{\varkappa - 1} \cdot \left[1 - \left(\frac{1}{\vartheta_{st}}\right)^{\frac{\varkappa-1}{\varkappa}}\right]$$

oder mit Gleichung (15):

$$(A_{t\,x})_o = x\frac{\varkappa}{\varkappa - 1} \cdot \Re T_3 \cdot \left[1 - \left(\frac{1}{\vartheta_t}\right)^{\frac{1}{x} \cdot \frac{\varkappa-1}{\varkappa}}\right] \qquad (16)$$

Mit Gleichung (16) und (11) wird nach Gleichung (13) jetzt:

$$(\eta_{t\,is})_o = \frac{(A_{t\,x})_o}{A_{t\,is}} = \frac{x}{\ln \vartheta_t} \cdot \frac{\varkappa}{\varkappa - 1} \cdot \left[1 - \left(\frac{1}{\vartheta_t}\right)^{\frac{\varkappa-1}{x\varkappa}}\right] \qquad (17)$$

Eine zahlenmäßige Auswertung des Ausdruckes nach Gleichung (17) liefert Abbildung 6, in der $(\eta_{t\,is})_o$ in Abhängigkeit vom Gesamtdruckverhältnis ϑ_t und von der Stufenzahl x für $\varkappa = 1,32$ dargestellt ist.

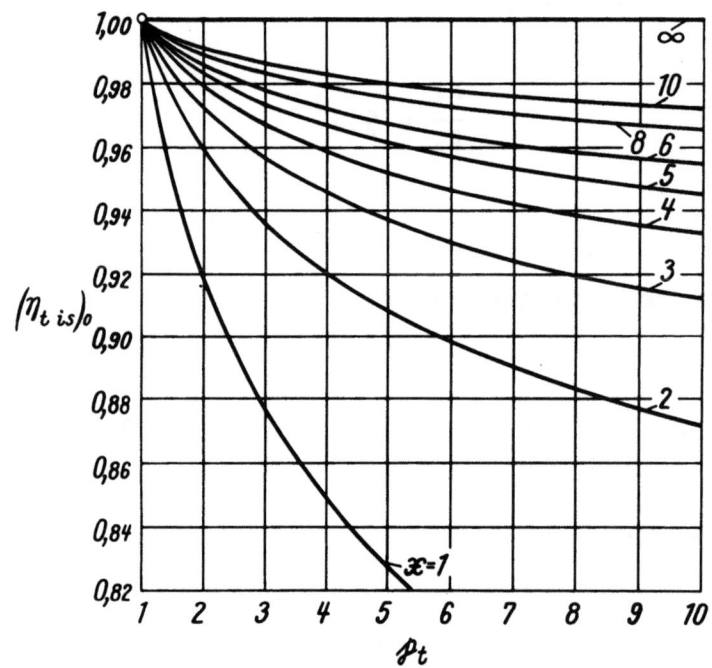

A b b i l d u n g   6

Isothermer Wirkungsgrad der Turbine in Abhängigkeit vom Druckverhältnis für verschiedene Zwischenerhitzungsstufenzahlen

Der Fall x = 1 gibt das Verhältnis der adiabaten Expansionsarbeit zur isothermen Expansionsarbeit wieder. Bereits Stufenzahlen x = 6 bis 10 liefern $(\eta_{t\ is})_o$-Werte von 0,97 bis 0,98, wenn man übliche Druckverhältnisse $\wp_t$ = 4 bis 5 betrachtet.

Für einen Wirkungsgrad $(\eta_{v\ is})_o$ des Verdichters lassen sich grundsätzlich analoge Überlegungen anstellen wie für die Turbine, jedoch muß berücksichtigt werden, daß bei der Verdichtung $(A_{v\ y})_o > A_{v\ is}$ ist (vgl. Abb.7), während bei der Expansion $(A_{t\ x})_o < A_{t\ is}$ galt (vgl.Abb.6). Will man also erreichen, daß dem Charakter eines Wirkungsgrades entsprechend $(\eta_{v\ is})_o \leq 1$ ist, so muß man im Gegensatz zu (Gl.13) jetzt definieren:

$$(\eta_{v\ is})_o = \frac{A_{v\ is}}{(A_{v\ x})_o} = \frac{Q_{v\ is}}{(Q_{v\ y})_o} \qquad (18)$$

Die schraffierte Fläche in Abbildung 7 stellt die Arbeit $(A_{v\ y})_o$ dar:

$$(A_{v\ y})_o = y\ \frac{\varkappa}{\varkappa - 1} \mathcal{R} T_1 \left[\wp_v^{\frac{\varkappa - 1}{y \varkappa}} - 1 \right] \qquad (19)$$

Rechnet man die Abkühlung des im Kreislauf befindlichen Arbeitsgases von $T_{2\ y}$ auf T_1 zur Zahl der eigentlichen Zwischenkühlungen hinzu, so ist die Anzahl der Kühlungen identisch mit der Verdichtungsstufenzahl, und beide können mit der gleichen Größe y bezeichnet werden. Gleichung (19) ist aus $y \cdot A_{v\ st}$ entstanden, wobei das Stufendruckverhältnis $\wp_{st}$ nach Gleichung (15) durch das Gesamtdruckverhältnis $\wp_v$ ersetzt wurde.

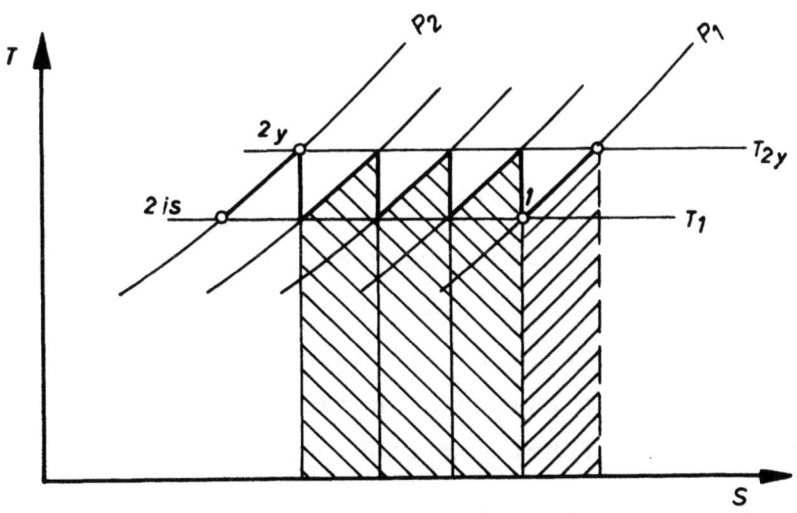

Abbildung 7

Verdichtung mit stufenförmiger Zwischenkühlung

Die isotherme Verdichtungsarbeit ist:

$$A_{v\ is} = \mathcal{R} T_1 \cdot \ln(\mathfrak{p}_v). \tag{20}$$

Es wird also nach Gleichung (18):

$$(\eta_{v\ is})_o = \frac{\ln \mathfrak{p}_v}{\frac{y\varkappa}{\varkappa - 1} \cdot \left(\mathfrak{p}_v^{\frac{\varkappa - 1}{y\varkappa}} - 1 \right)} \tag{21}$$

Eine zahlenmäßige Auswertung dieser Beziehung mit $\varkappa = 1,4$ führt zu der in Abbildung 8 dargestellten Kurvenschar, die qualitativ von der Kurvenschar $(\eta_{t\ is})_o$ nicht abweicht. Die Kurve $y = 1$ entspricht der Arbeitsersparnis bei isothermer Verdichtung gegenüber der adiabaten.

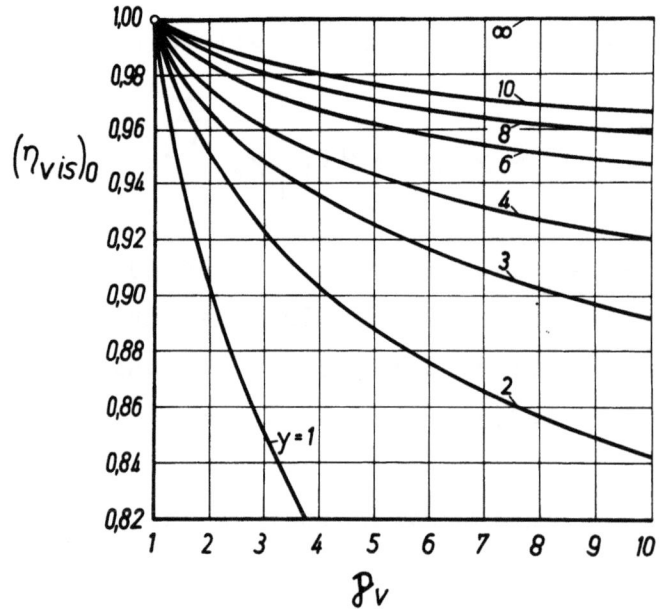

Abbildung 8

Isothermer Wirkungsgrad des Verdichters in Abhängigkeit vom Druckverhältnis für verschiedene Zwischenkühlungsstufenzahlen

Nunmehr läßt sich auch der Wirkungsgrad eines Kreisprozesses mit mehrfacher Kühlung während der Verdichtung und mehrfacher Erhitzung während der Expansion bei vollständiger Regeneration formulieren. Die Wärme wird jetzt von außen während der Zwischenerhitzungen zugeführt und während der Zwischenkühlungen abgeführt (vgl.Abb.9).

Der Wirkungsgrad eines solchen Prozesses wird für $\Delta t = 0$:

$$\eta_{th} = \frac{Q_{zu} - Q_{ab}}{Q_{zu}} = \frac{(Q_{a\ x})_o - (Q_{v\ y})_o}{(Q_{a\ x})_o} \tag{22}$$

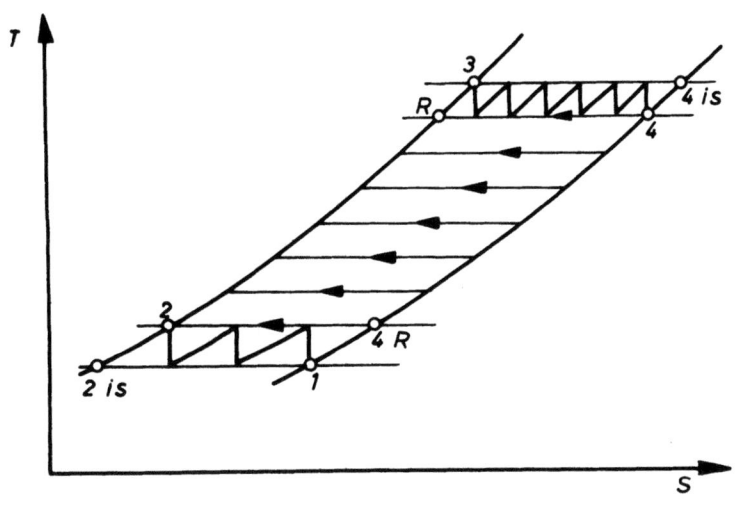

Abbildung 9

Verlustloser Kreisprozeß mit mehrfacher Kühlung während der Verdichtung und mehrfacher Erhitzung während der Expansion

oder

$$\eta_{th} = 1 - \frac{(Q_{v\,y})_o}{(Q_{a\,x})_o} = 1 - \frac{Q_{v\,is}/(\eta_{v\,is})_o}{Q_{a\,is}(\eta_{t\,is})_o}$$

Führt man hier wie bei Gleichung (10) das Temperaturverhältnis T_1/T_3 ein, so wird:

$$\eta_{th} = 1 - \frac{T_1}{T_3} \frac{1}{(\eta_{v\,is})_o (\eta_{t\,is})_o} \tag{23}$$

Im Gegensatz zu $\eta_{th\,is\,\Delta t=0}$ (Gleichung (10)) ist η_{th} zu einer Funktion vom Druckverhältnis ϱ geworden, da die Wirkungsgrade $(\eta_{v\,is})_o$ und $(\eta_{t\,is})_o$ von ϱ abhängen (s.Abb.6 und 8). Außerdem ist $\eta_{th\,is\,\Delta t=0}$ noch von der Zahl der Erhitzungen und Kühlungen abhängig.

2. Der Wirkungsgrad des wirklichen Kreisprozesses mit angenähert isothermer Verdichtung und Expansion

Während im vorigen Kapitel verlustlose Kreisprozesse betrachtet und verglichen wurden, um in einfacher, anschaulicher Weise den Weg zum Optimalprozeß zu zeigen, soll nunmehr auf wirkliche Kreisprozesse übergegangen werden, bei denen die in Turbine und Verdichter auftretenden Verluste berücksichtigt werden.

2.1 Allgemeine Ableitung; Beispielfall

Abbildung 10 stellt einen Prozeß dar, der sich von dem in Abbildung 9 dargestellten Prozeß dadurch unterscheidet, daß die Stufenverdichtungen und -expansionen polytrop anstatt adiabat erfolgen.

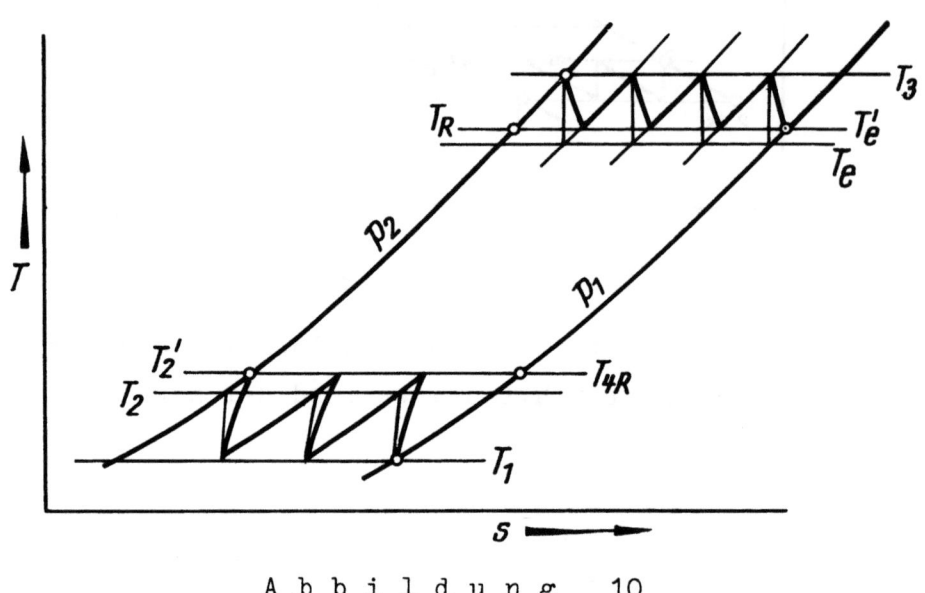

Abbildung 10

Wirklicher Kreisprozeß mit stufenförmiger Zwischenkühlung und stufenförmiger Zwischenerhitzung

Drückt man die Abweichung von der adiabaten Zustandsänderung in den Stufen durch einen inneren Wirkungsgrad

$$\eta_{t\ i} = \frac{i_3 - i'_e}{i_3 - i_e} \quad \text{bzw.} \quad \eta_{v\ i} = \frac{i_2 - i_1}{i'_2 - i_1} \tag{24}$$

aus, so kann man schreiben

$$\eta_{t\ is} = \eta_{t\ i} \left(\eta_{t\ is}\right)_o \quad \text{und} \quad \eta_{v\ is} = \eta_{v\ i} \left(\eta_{v\ is}\right)_o \tag{25}$$

Behält man die Voraussetzung vollständiger Regeneration bei, so wird entsprechend Gleichung (23) der wirtschaftliche Wirkungsgrad η_w des in Abbildung 10 dargestellten Prozesses ohne Berücksichtigung von Druckverlusten ($\varphi = 1$):

$$\eta_{w\ id} = 1 - \frac{T_1}{T_3} \frac{1}{\eta_{t\ is}\ \eta_{v\ is}} \qquad (26)$$

(Der Index "id" bezeichnet den "idealen" Fall $\Delta t = 0$ und $\varphi = 1$.)

Der Wirkungsgrad dieses Prozesses ist somit unter Berücksichtigung von Gleichung (17) und (21) zu einer Funktion vom Druckverhältnis γ_v, von den Stufenzahlen x und y, von der maximalen Gastemperatur T_3 und von den Wirkungsgraden $\eta_{t\ i}$ und $\eta_{v\ i}$ geworden.

Trifft man für einen Prozeß nach Abbildung 10 folgende Annahmen:

Anzahl der Kühlungen	$y = 3$
Anzahl der Erhitzungen	$x = 6$
Temperaturgrenzen	$T_3 = 1173^\circ K$, $T_1 = 293^\circ K$
Druckverhältnis	$\gamma_v = 4$,

was in etwa den Daten eines in der Praxis durchführbaren Prozesses entspricht, und nimmt man ferner an, daß $\eta_{t\ i} = \eta_{v\ i}$ ist, was ebenfalls in der Praxis annähernd zutrifft, so erhält man die in Abbildung 11 dargestellte Abhängigkeit des wirtschaftlichen Wirkungsgrades von $\eta_{t\ i}$ (= $\eta_{v\ i}$), die den Einfluß der Verluste während der Zustandsänderungen in Turbine und Verdichter kennzeichnet.

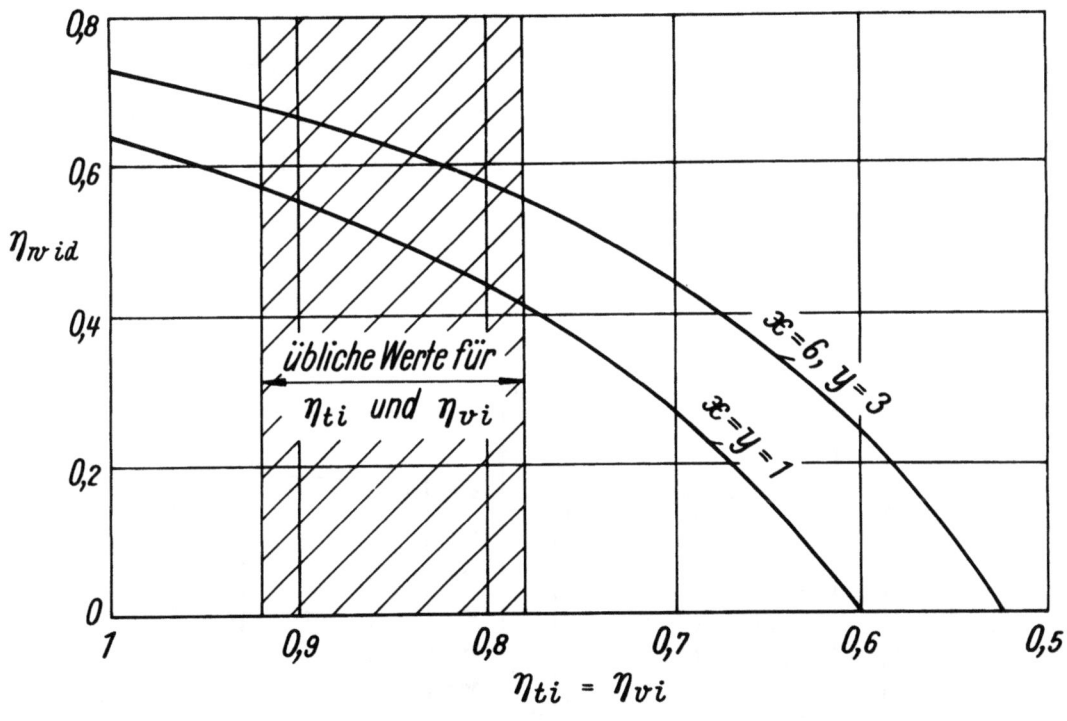

Abbildung 11

Wirtschaftlicher Wirkungsgrad des Kreisprozesses in Abhängigkeit vom inneren Wirkungsgrad der Turbine bzw. des Verdichters

Der Punkt $\eta_{v\,i} = \eta_{t\,i} = 1$ entspricht dem Wirkungsgrad des verlustlosen Prozesses. Der Bereich, in dem die erreichbaren Werte von $\eta_{t\,i}$ bzw. $\eta_{v\,i}$ liegen, ist schraffiert angedeutet, wonach bei $y = 3$ und $x = 6$ für $\eta_{w\,id}$ Werte von 0,55 bis 0,68 folgen.

Die Verbesserung gegenüber den vergleichsweise eingetragenen Werten eines Prozesses ohne Zwischenkühlung und ohne Zwischenerhitzung ($x = y = 1$) ist erheblich.

2.2 Der Kreisprozeß "Isex" mit angenähert isothermer Kompression und Expansion

Während bisher Gasturbinenprozesse mit angenähert isothermer Kompression und mit Regeneration durchaus üblich waren, standen der Verwirklichung eines Prozesses mit einer Annäherung an isotherme Expansion noch die Schwierigkeiten entgegen, die bei der praktischen Durchführung der Zwischenerhitzungen auftraten.

Sollen nun die Zwischenverbrennungen innerhalb der Turbine, z.B. zwischen allen oder jeder zweiten Turbinenstufe oder aber zwecks möglichst weitgehender Annäherung an eine isotherme Expansion zwischen jedem Schaufelkranz oder gar innerhalb der Schaufelkanäle erfolgen, so muß dem Arbeitsgas, das ja ein Verbrennungsgas mit hohem Luftüberschuß ist, jeweils von außen Brennstoff zugeführt werden und das so erhaltene brennbare Gemisch innerhalb des normalen Gasstromes vor Eintritt in die nächste Stufe oder den nächsten Schaufelkranz verbrannt werden.

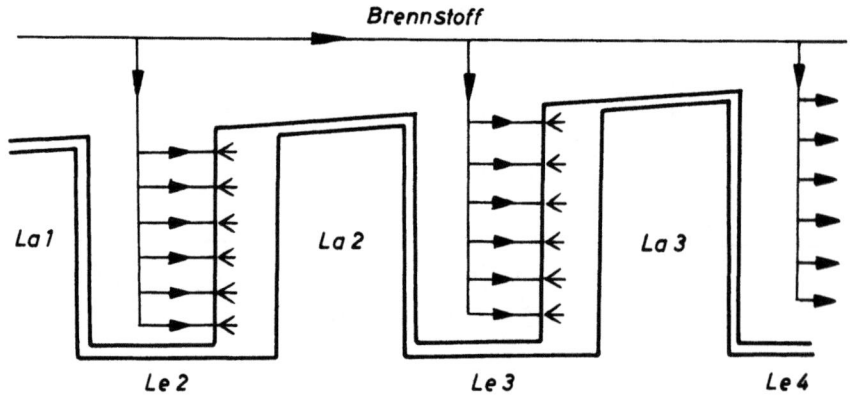

Abbildung 12

Schema einer möglichen Brennstoffzuführung beim Isexverfahren

Die Betrachtungen über dieses, im folgenden als "Isex-Prozeß" bezeichnete Arbeitsverfahren werden zunächst für einen Kreisprozeß, also für einen Prozeß mit konstanter Arbeitsmenge, durchgeführt, wobei die Zwischenverbrennung durch Wärmezufuhr von außen ersetzt gedacht wird, ebenso wie die Zwischenkühlung als Wärmeabfuhr nach außen aufgefaßt wird.

Eine Beispielausführung in schematischer Darstellung zeigt Abbildung 12, in der der Brennstoff für die Zwischenverbrennungen nur durch die hohl ausgeführten Leitschaufeln eingeführt wird, in denen er gleichzeitig als Kühlmittel wirkt. Für die thermisch hoch beanspruchten Laufschaufeln könnte ebenfalls eine Innenkühlung, etwa durch vom Verdichter abgezapfte Luft, vorgesehen sein. Dieser letztgenannte Kühleffekt soll bei der folgenden Betrachtung jedoch zunächst ausgeklammert werden.

Für den in Abbildung 12 dargestellten Fall soll errechnet werden, wie folgende Einflußgrößen den Wirkungsgrad des Prozesses beeinflussen:

a) Verdichterdruckverhältnis γ_V
b) Höchsttemperatur T_3
c) Turbinen-Stufenzahl x (= Anzahl der Erhitzungen)
d) Unvollständige Regeneration Δt
e) Druckverluste Δp

Der wirtschaftliche Wirkungsgrad ist das Verhältnis der Nutzarbeit des Prozesses zur aufgewendeten Brennstoffenergie:

$$\eta_w = \frac{A_N}{Q_B}, \qquad (27)$$

wobei

$$A_N = A_{t\,mech} - A_{v\,mech} \quad \text{und} \quad Q_B = \frac{1}{\eta_b} Q_{zu}$$

ist.

(Q_{zu} ist die in der Brennkammer und bei den Zwischenerhitzungen von außen zugeführte Wärme.)

Der Isex-Prozeß mit Verlusten und einem Wärmetauscher endlicher Größe ($\Delta t > 0$) stellt sich damit im T,s-Diagramm gemäß Abbildung 13 dar.

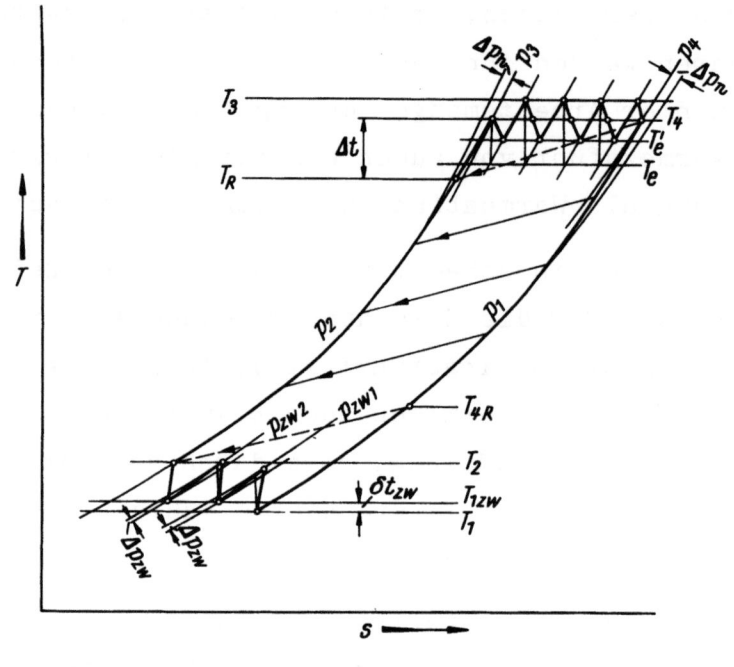

Abbildung 13

Isex-Prozeß mit Verlusten in den Zwischenkühlern und unvollständiger Regeneration (Reaktionsgrad der Turbine: 50 %)

Die Verdichtung beginnt beim Zustand p_1, T_1 und erfolgt polytrop, wobei durch die im Zwischenkühler auftretenden Druckverluste der Druck in jeder Stufe gegenüber der vorhergehenden Stufe jeweils um Δp_{zw} verringert wird. Da die Kühlfläche der Zwischenkühler in ihrer Größe begrenzt ist, kann die Zwischenkühlung nur bis auf eine Temperatur $T_{1\,zw}$ erfolgen, die um einen Betrag δt_{zw} über der Ausgangstemperatur T_1 liegt. Im Wärmetauscher erhöht sich die Temperatur der verdichteten Luft auf T_R; dabei ist $\Delta t = T_4 - T_R$.

Wegen der in den Kühlern auftretenden Druckverluste Δp_{zw} ist es nicht sinnvoll, die Anzahl der Zwischenkühlungen zu groß zu machen, weil dann der Einfluß von Δp_{zw} die Ersparnis an Verdichtungsarbeit kompensiert; darüber hinaus wird der Bauaufwand bei einer Vielzahl von Zwischenkühlungen erheblich. Zwei Zwischenkühlungen, also $y = 3$, können dann als sinnvoll angenommen werden, wenn keine für Gasturbinen außergewöhnlich hohen Druckverhältnisse zu bewältigen sind.

Nach diesen Überlegungen kann ein Wirkungsgrad für den Verdichter abgeschätzt werden, der im folgenden - bei Variation der übrigen Einflußgrößen auf η_w - als konstant angenommen wird, um die Berechnung übersichtlich zu gestalten.

Der Wirkungsgrad der gesamten mehrstufigen Verdichtung wird definiert als:

$$\eta_v = \frac{A_{v\ is}}{A_{v\ mech}}$$

Er setzt sich zusammen aus vier Einzelwirkungsgraden:

$$\eta_v = (\eta_{v\ is})_o \cdot \eta_{v\ i} \cdot \eta_{zw} \cdot \eta_{v\ m}, \qquad (29)$$

wobei das Produkt von $(\eta_{v\ is})_o$ und $\eta_{v\ i}$ nach Gleichung (25) gleich $\eta_{v\ is}$ ist. Der Wirkungsgrad η_{zw} soll den Einfluß von δt_{zw} und Δp_{zw} berücksichtigen; die mechanischen Verluste werden durch $\eta_{v\ m}$ erfaßt. Der Wert $(\eta_{v\ is})_o$ hat nach Abbildung 8 für $y = 3$ und $\varrho_v = 4$ bis 5 etwa den Wert 0,93. Setzt man für die übrigen Wirkungsgrade Erfahrungswerte ein und zwar: $\eta_{v\ i}$ (vgl. Gl. 24) = 0,87, $\eta_{zw} = 0,96$ und $\eta_{v\ m} = 0,98$, so wird $\eta_v = 0,76$.

Man erhält damit nach Gleichung (28) die zum Antrieb des Verdichters notwendige Energie:

$$A_{v\ mech} = \frac{1}{\eta_v} \cdot A_{v\ is} = \frac{1}{\eta_v} \mathcal{R} T_1 \ln\left(\frac{p_2}{p_1}\right) \qquad (29)$$

In Abbildung 13 bezeichnet T_4 die jeweils gleiche Temperatur am Austritt jedes Laufschaufelkranzes, T'_e die jeweils gleiche Temperatur am Austritt jedes Leitschaufelkranzes der Turbine vor Einsetzen der Zwischenverbrennung. Der Reaktionsgrad beträgt fünfzig Prozent. Die Temperatur T_e entspricht der jeweils gleichen Endtemperatur bei adiabater Expansion in den einzelnen Stufen. Wie in Abbildung 12 schematisch dargestellt, wird die Zuführung des Zusatzbrennstoffes als hinter jeder Leitschaufel vor sich gehend angenommen.

Unter Annahme einer spontanen Verbrennung findet dann eine Erwärmung entsprechend dem gesamten Stufengefälle $i_3 - i'_e$ statt, so daß die Eintrittstemperatur des Arbeitsgases am ersten Leitschaufelkranz um einen entsprechenden Betrag $T_3 - T_4$ unter der Höchsttemperatur T_3 des Prozesses liegen muß.

Es wird nun ein Turbinenwirkungsgrad definiert, der sich auf die einzelne Stufe beziehen soll, damit in dem Ausdruck für die gesamte Turbinenarbeit die Einflußgröße x direkt enthalten ist. Da Abbildung 13 entsprechend die Zahl der Zwischenerhitzungen gleich der Stufenzahl der Turbine wird, bezeichnet x - im Gegensatz zur bisherigen Definition entsprechend Abbildung 10 - im folgenden die Zahl der <u>Zwischenerhitzungen</u>, d.h. <u>ohne</u> Einschluß der Erstverbrennung.

$$\eta_t = \left(\frac{A_{t\ mech}}{A_{t\ ad}}\right)_{st} \tag{30}$$

Dieser Wirkungsgrad setzt sich aus den beiden Einzelwirkungsgraden $\eta_{t\ i}$ und $\eta_{t\ m}$ zusammen:

$$\eta_t = \eta_{t\ i} \cdot \eta_{t\ m} \tag{31}$$

Den Zahlenwert für $\eta_{t\ i}$ (vgl.Gl.24) kann man dabei etwas höher annehmen als $\eta_{v\ i}$, da die beschleunigte Strömung im Turbinengitter weniger verlustbehaftet sein dürfte als die verzögerte Strömung im Verdichter: $\eta_{t\ i} = 0,88$. Werden die mechanischen Verluste als beim Kompressor berücksichtigt angenommen, so wird $\eta_{t\ m} = 1,00$, und der Turbinenwirkungsgrad erhält den Wert $\eta_t = 0,88$.

Die gesamte von der Turbine abgegebene Arbeit wird mit x als Anzahl der Zwischenerhitzungen, die gleich der Expansionsstufenzahl ist:

$$A_{t\ mech} = x \cdot \eta_t \cdot (A_{t\ ad})_{st} = x \cdot \eta_t \cdot [c_p]_{T_e}^{T_3} \cdot (T_3 - T_e) \tag{32}$$

Es bleibt nunmehr noch die von außen zuzuführende Wärmemenge Q_{zu} zu formulieren. Diese kann aufgeteilt werden in einen Teil, der in der Brennkammer bei der Temperaturerhöhung von T_R auf T_4 zugeführt wird, nämlich $Q_{zu\ b}$, und einen zweiten Teil $Q_{zu\ zw}$, der bei den x Zwischenerhitzungen zugeführt wird:

$$Q_{zu} = Q_{zu\ b} + Q_{zu\ zw} \tag{33}$$

Der Anteil $Q_{zu\ b}$ entspricht gerade der durch die unvollständige Regeneration verursachten Verringerung der übertragenen Wärmemenge im Wärmetauscher. Bei der betrachteten Beispielanordnung würde bei Annahme vollständiger Regeneration dieser Betrag - und damit überhaupt jede Brennkammer - entfallen. Das $Q_{zu\ zw}$ hingegen entspricht gerade der Summe der Temperaturabsenkungen des Arbeitsgases in den Turbinenstufen. Also ist:

$$Q_{zu\ b} = [c_p]_{T_R}^{T_4} \cdot \Delta t \quad \text{und} \tag{34}$$

$$Q_{zu\ zw} = x \cdot [c_p]_{T_e'}^{T_3} (T_3 - T_e') = x \cdot \eta_{t\ i} \cdot [c_p]_{T_e}^{T_3} \cdot (T_3 - T_e) \tag{35}$$

Damit läßt sich der wirtschaftliche Wirkungsgrad nach Gleichung (27) anschreiben:

$$\eta_w = \frac{x \cdot \eta_t \left[c_p\right]_{T_e}^{T_3} (T_3 - T_e) - \frac{1}{\eta_v} \mathcal{R} T_1 \ln\left(\frac{p_2}{p_1}\right)}{\frac{1}{\eta_b}\left[\left[c_p\right]_{T_R}^{T_4} \Delta t + x \eta_{t\,i} \left[c_p\right]_{T_e}^{T_3} (T_3 - T_e)\right]} \quad (36)$$

Der Einfluß der Druckverluste in der Turbine ist in Gleichung (36) dadurch enthalten, daß die Temperaturdifferenz $T_3 - T_e$ entsprechend dem adiabaten Stufengefälle vom Gesamtdruckverhältnis an der Turbine abhängt (s.Abb.13). Die Druckverluste Δp_h auf der Hochdruckseite ergeben sich teils im Wärmetauscher bei der Aufheizung der verdichteten Luft und teils in der Brennkammer. Auf der Niederdruckseite treten Druckverluste Δp_n nur im Wärmetauscher bei der Abkühlung des Abgases auf. Die Druckverluste in den Zwischenkühlern sind im Verdichterwirkungsgrad berücksichtigt.

Der Druckverlustbeiwert φ sei definiert als das Verhältnis der Gesamtdruckverhältnisse von Turbine und Verdichter:

$$\varphi = \frac{\gamma_t}{\gamma_v} = \frac{p_3/p_4}{p_2/p_1} \quad (37)$$

Im folgenden soll Gleichung (36) dahingehend umgeformt werden, daß die Einflüsse von Δt, φ, γ_v, T_3 und x erkennbar sind und nach zahlenmäßiger Auswertung der erhaltenen Beziehungen darstellbar werden.

2.3 Der wirtschaftliche Wirkungsgrad in Abhängigkeit von den Einflußgrößen

Die Temperaturdifferenz $T_3 - T_e$ läßt sich ersetzen durch $T_3(1 - \frac{T_e}{T_3})$. Dabei ist

$$\frac{T_e}{T_3} = \left(\frac{1}{\gamma_{st}}\right)^{\frac{\varkappa - 1}{\varkappa}} \quad (38)$$

Bei gleichen γ in allen Stufen ist mit Gleichung (37):

$$\left(\frac{1}{\gamma_{st}}\right)^{\frac{\varkappa - 1}{\varkappa}} = \left(\frac{1}{\gamma_t}\right)^{\frac{\varkappa - 1}{x \cdot \varkappa}} = \left(\frac{1}{\varphi \cdot \gamma_v}\right)^{\frac{\varkappa - 1}{x \cdot \varkappa}}$$

$$\left(\varkappa = \varkappa \Big|_{T_e}^{T_3}\right) \quad (38a)$$

Nimmt man ferner an, daß in Gleichung (36) für die mittleren spezifischen Wärmen

$$[c_p]_{T_e}^{T_3} \approx [c_p]_{T_R}^{T_4}$$

gilt, so kann man durch c_p kürzen, und der dabei im Zähler entstehende Quotient $\mathcal{R}/c_p$ bei der Verdichterarbeit wird ersetzt durch $\frac{\varkappa-1}{\varkappa}$.

Man erhält somit für den wirtschaftlichen Wirkungsgrad nach Gleichung (36):

$$\eta_w = \frac{\eta_t \cdot T_3 \cdot \left[1-\left(\frac{1}{\varphi \cdot \mathcal{P}_v}\right)^{\frac{\varkappa-1}{x \cdot \varkappa}}\right] - \frac{1}{\eta_v} \cdot \frac{\varkappa-1}{x \cdot \varkappa} T_1 \cdot \ln \mathcal{P}_v}{\frac{1}{\eta_b}\left[\frac{\Delta t}{x} + \eta_{ti} \cdot T_3 \cdot \left[1-\left(\frac{1}{\varphi \cdot \mathcal{P}_v}\right)^{\frac{\varkappa-1}{x \cdot \varkappa}}\right]\right]} \qquad (39)$$

Eine allgemeingültige Darstellung von Gleichung (39) unter gleichzeitiger Berücksichtigung der Veränderlichkeit aller Einflußgrößen ist nur in Form von Netztafeln möglich, bei denen jedoch die Übersicht über die Einzeleinflüsse leicht verlorengeht.

Die Einflußgrößen sollen daher im folgenden nacheinander berücksichtigt werden.

<u>2.31 Abhängigkeit des wirtschaftlichen Wirkungsgrades von Druckverhältnis, Höchsttemperatur und Zahl der Zwischenverbrennungen</u>

Um zunächst den Einfluß der den Prozeß kennzeichnenden Hauptdaten $\mathcal{P}_v$, T_3 und x zu zeigen, sei der Prozeß mit vollständiger Regeneration und ohne Druckverluste, d.h. mit $\mathcal{P}_t = \mathcal{P}_v (\varphi = 1)$ betrachtet. η_b stellt einen mittleren Verbrennungswirkungsgrad der Erstverbrennung und der Zwischenverbrennungen dar. Im folgenden wird das Verhältnis η_w/η_b in Abhängigkeit von den erwähnten Einflußgrößen betrachtet, woraus sich für jedes η_b η_w selbst ergibt.

Aus Gleichung (39) erhält man dann mit $\Delta t=0$ und $\varphi=1$ für den idealen Prozeß:

$$\left(\frac{\eta_w}{\eta_b}\right)_{id} = \frac{\eta_t \cdot T_3 \cdot \left[1-\left(\frac{1}{\mathcal{P}_v}\right)^{\frac{\varkappa-1}{x \cdot \varkappa}}\right] - \frac{1}{\eta_v} \cdot \frac{\varkappa-1}{x \cdot \varkappa} \cdot T_1 \cdot \ln \mathcal{P}_v}{\eta_{ti} \cdot T_3 \cdot \left[1-\left(\frac{1}{\mathcal{P}_v}\right)^{\frac{\varkappa-1}{x \cdot \varkappa}}\right]} \qquad (40)$$

Abbildung 14 zeigt die Abhängigkeit vom Druckverhältnis $\wp_v$ für verschiedene Zwischenverbrennungszahlen x. Die Temperaturen sind mit $T_3 = 1173\,°K$ und $T_1 = 293\,°K$ angenommen. Für die Wirkungsgrade wurden - wie in Abschnitt 2.2 näher erläutert - die Werte $\eta_{t\,i} = \eta_t = 0{,}88$ und $\eta_v = 0{,}76$ zugrunde gelegt. Bereits diese Darstellung läßt erkennen, daß, wenn man Bauaufwand und Erfolg gegeneinander abwägt, mehr als sechs bis acht Zwischenverbrennungen kaum noch lohnend sind[2].

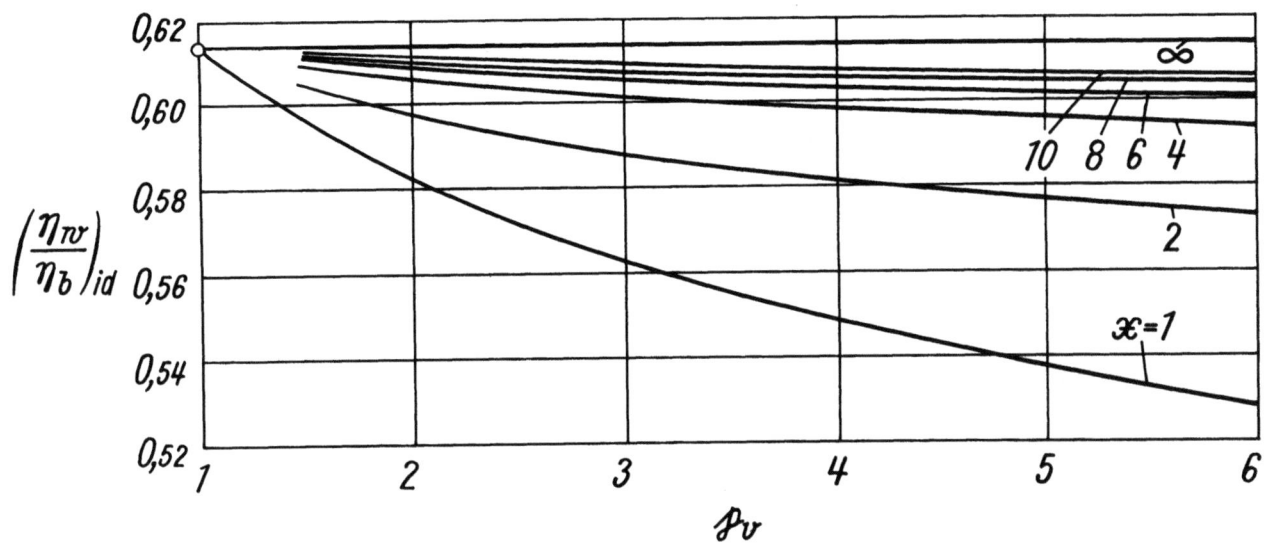

Abbildung 14

Abhängigkeit des wirtschaftlichen Wirkungsgrades eines Isex-Prozesses vom Druckverhältnis und von der Zahl der Zwischenerhitzungen

In Abbildung 15 ist für x = 6 und mit den gleichen Annahmen für die Wirkungsgrade wie in Abbildung 14 der Einfluß der Höchsttemperatur T_3 dargestellt.

Einem Maximum strebt $(\eta_w/\eta_b)_{id}$ in jedem Falle bei einer Annäherung an das Druckverhältnis $\wp_v = 1$ zu. Wenn man für Gleichung (40) schreibt:

$$\left(\frac{\eta_w}{\eta_b}\right)_{id} = \eta_{tm} \cdot \left[1 - \frac{1}{\eta_v \cdot \eta_t} \cdot \frac{T_1}{T_3} \cdot \frac{\frac{x-1}{x \cdot \varkappa} \cdot \ln \wp_v}{1 - \left(\frac{1}{\wp_v}\right)^{\frac{\varkappa-1}{x \varkappa}}}\right] \,, \tag{41}$$

---

[2] Vgl. [1]: Wirtschaftlicher Wirkungsgrad einer Gleichdruckturbine mit stufenförmiger Verbrennung abhängig von der Stufenzahl und der Abgastemperatur

so strebt das Verhältnis η_w/η_b für $\varphi_v \rightarrow 1$ nach:

$$\left(\frac{\eta_w}{\eta_b}\right)_{id\ max} = \eta_{t\ m} \cdot \left[1 - \frac{T_1}{T_3} \cdot \frac{1}{\eta_t \cdot \eta_v}\right] \qquad (42)$$

Natürlich wird im Grenzfall $\varphi_v = 1$ die erzeugte Leistung zu 0.

Es wird sich zeigen, daß $(\eta_w/\eta_b)_{id\ max}$ nicht mehr bei $\varphi_v = 1$ liegt, sobald $\Delta t > 0$ wird. Theoretisch interessant ist auch die Tatsache, daß für $x \rightarrow \infty$ das Verhältnis η_w/η_b ebenfalls konstant entsprechend der Gleichung (42) wird, wie sich leicht aus Gleichung (41) herleiten läßt.

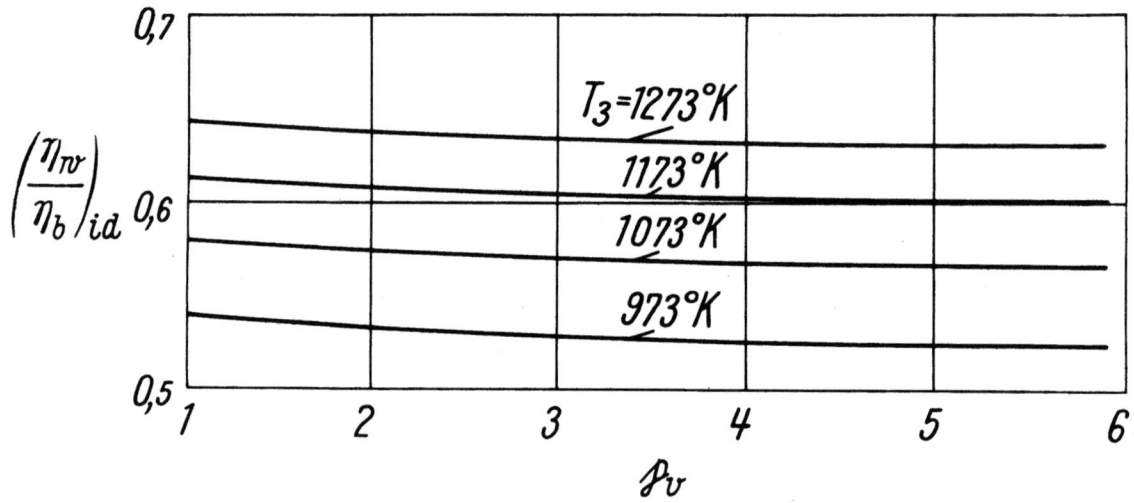

Abbildung 15

Wirtschaftlicher Wirkungsgrad in Abhängigkeit vom Druckverhältnis und von der Maximaltemperatur des Prozesses

2.32 Einfluß der unvollständigen Regeneration

Der Einfluß der unvollständigen Regeneration läßt sich durch einen Regenerationsbeiwert η_{Reg} ausdrücken, der das Verhältnis des Wirkungsgrades bei unvollständiger Regeneration zu dem bei vollständiger Regeneration angibt, bei sonst gleichen Einflußgrößen. Die Druckverluste bleiben dabei noch unberücksichtigt.

Teilt man η_w nach Gleichung (39) mit $\varphi = 1$ durch η_w nach Gleichung (40), so erhält man:

$$\frac{(\eta_w)_{\varphi=1}}{\eta_{w\,id}} = \eta_{Reg} = \frac{\eta_{ti}\,T_3\left[1-\left(\frac{1}{\gamma_v}\right)^{\frac{\varkappa-1}{x\varkappa}}\right]}{\frac{\Delta t}{x} + \eta_{ti}\,T_3\left[1-\left(\frac{1}{\gamma_v}\right)^{\frac{\varkappa-1}{x\varkappa}}\right]} \qquad (43)$$

oder

$$\eta_{Reg} = \frac{1}{1+\dfrac{\Delta t}{x\,\eta_{ti}\,T_3\left[1-\left(\frac{1}{\gamma_v}\right)^{\frac{\varkappa-1}{x\varkappa}}\right]}} \qquad (44)$$

Mit Gleichung (43) und (44) läßt sich nun der Einfluß der unvollständigen Regeneration in der Form angeben:

$$\left(\frac{\eta_w}{\eta_b}\right)_{\varphi=1} = \left(\frac{\eta_w}{\eta_b}\right)_{id} \cdot \eta_{Reg} \qquad (45)$$

Der Regenerationsbeiwert ist nach Gleichung (44) daher nicht nur eine Funktion von Δt, sondern auch abhängig von den drei Einflußgrößen γ_v, T_3 und x, die auch $\frac{\eta_w}{\eta_b}$ beeinflussen. In Abbildung 16 ist η_{Reg} über γ_v mit Δt als Parameter aufgetragen, und zwar für $x = 6$ und $T_3 = 1173°K$. Der Wirkungsgrad $\eta_{t\,i}$ wurde wieder mit 0,88 angenommen. Eine Vergrößerung der Höchsttemperatur T_3 vergrößert auch η_{Reg} (vgl.Gl.44), verschiebt also die Kurvenschar der Abbildung 16 insgesamt nach oben. Den gleichen Einfluß hat eine Vergrößerung von x. Wie die Abbildung zeigt und wie sich aus Gleichung (44) ergibt, nimmt der Regenerationsbeiwert η_{Reg} für alle $\Delta t > 0$ bei $\gamma_v = 1$ den Wert 0 an. Für $\gamma_v > 1$ erhält man stetig steigende Kurven ohne Maximum, von denen sich jede einem bestimmten Grenzwert nähert, der sich aus Gleichung (44) für $\gamma_v \to \infty$ ergibt.

Tatsächlich kann das Druckverhältnis γ_v jedoch nur dann beliebig hohe Werte annehmen, wenn man gleichzeitig auch T_3 beliebig wachsen läßt, da sonst der Fall eintritt, daß die Abgastemperatur T_4 nur noch um weniger als Δt höher liegt als die Temperatur T_2 der verdichteten Luft, eine Regeneration mit Δt also nicht mehr möglich ist (vgl.Abb.13).

Betrachtet man nun die Abhängigkeit $\eta_{Reg} = f(\gamma_v)$ (Abb.16) und $\left(\frac{\eta_w}{\eta_b}\right)_{id} = f(\gamma_v)$ (Abb.14), so ist zu erwarten, daß für $\left(\frac{\eta_w}{\eta_b}\right)_{\varphi=1}$

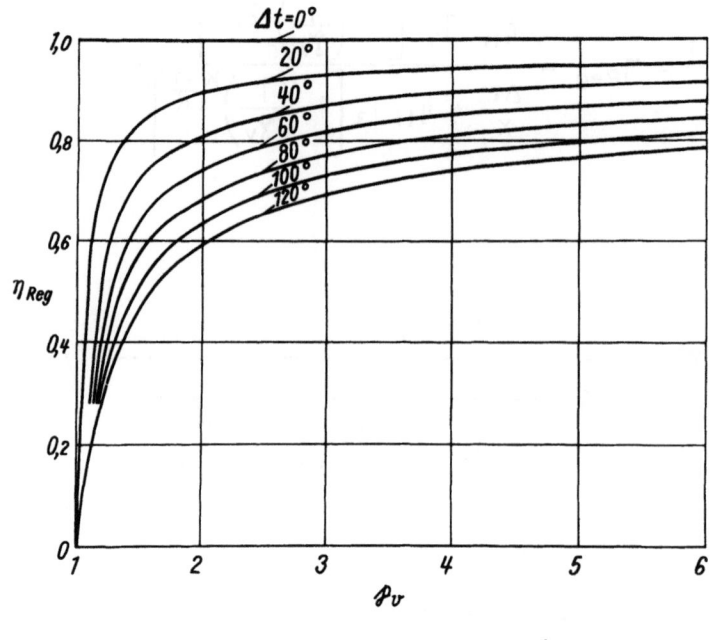

Abbildung 16

Regenerationsbeiwert eines Isex-Prozesses in Abhängigkeit vom Druckverhältnis und von der Temperaturdifferenz im Wärmetauscher

nach Gleichung (45) sich Kurven ergeben, die bei einem bestimmten Druckverhältnis ein Maximum haben. Grundsätzlich ist jedoch festzuhalten, daß erst durch den Regenerationsbeiwert, also durch $\Delta t > 0$, die fallende Tendenz des wirtschaftlichen Wirkungsgrades für $\Delta t = 0$ in eine bis zu einem gewissen Druckverhältnis steigende umgewandelt wird, wodurch von der wirtschaftlichen Seite her höhere Druckverhältnisse erstrebenswert werden.

Der Wert des optimalen Druckverhältnisses $(\wp_v)_{opt}$ wird wesentlich beeinflußt durch Δt und durch die Zahl der Zwischenerhitzungen x, was ebenfalls nach Abbildungen 14 und 16 zu erwarten ist. Beide Größen, vor allem aber das von dem vorhandenen Wärmeaustauscher abhängige Δt, können demnach u.U. für die Wahl der Druckverhältnisse entscheidend sein.

Die oben besprochenen Zusammenhänge werden in Abbildung 17 deutlich, in der für $T_3 = 1173^\circ K$ - auch die übrigen Werte stimmen mit denen der Abbildungen 14, 15 und 16 überein - die Verhältnisse für die beiden Zwischenerhitzungszahlen $x = 1$ und $x = 6$ dargestellt sind[3].

---

[3] Die Abhängigkeit des wirtschaftlichen Wirkungsgrades vom Druckverhältnis wird in ähnlicher Form von G. MANGOLD in [2] dargestellt. Als Maß für die Regeneration wird dort an Stelle von Δt der Regeneratorwirkungsgrad η_R verwendet.

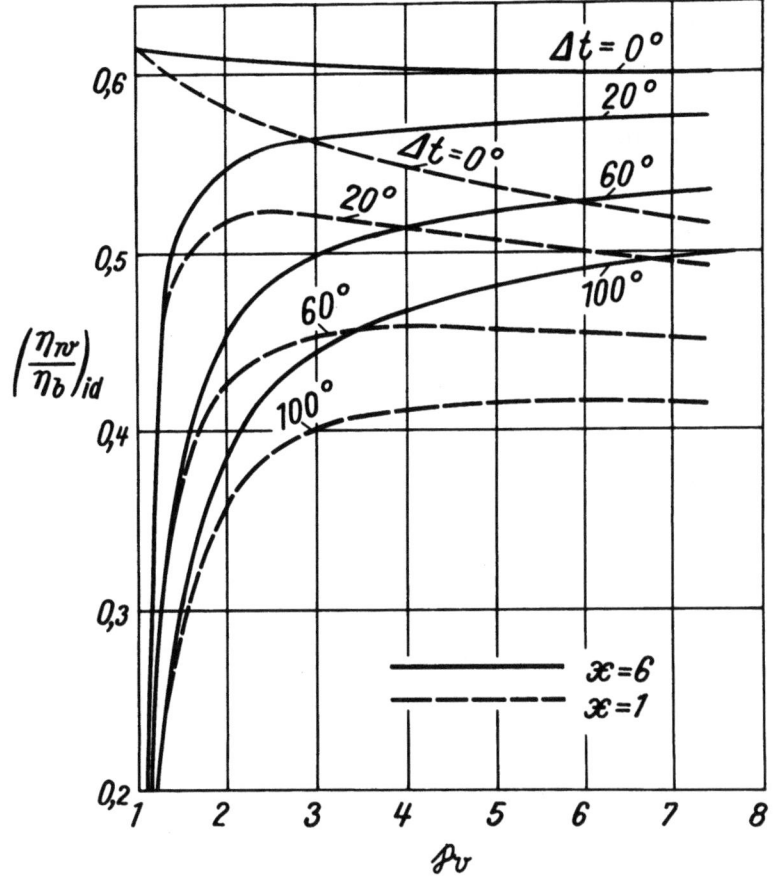

Abbildung 17

Optimale Druckverhältnisse bei verschiedenen Temperaturdifferenzen im Wärmetauscher für eine Anlage ohne Zwischenerhitzung (x = 1) und für eine Isex-Anlage mit 6 Zwischenerhitzungen

Man erkennt, daß die optimalen Druckverhältnisse bei der Anlage ohne Zwischenerhitzung (x = 1) bei wesentlich kleineren Werten liegen als bei der Isex-Anlage mit x = 6. Die Überlegenheit der Isex-Anlage ist jedoch auch schon bei den für den Prozeß x = 1 optimalen Druckverhältnissen erheblich. Vergleicht man z.B. die Kurven für $\Delta t = 60°$, so ergibt sich beim Druckverhältnis $\gamma_v \approx 4{,}2$ der optimale Wirkungsgrad der Anlage ohne Zwischenerhitzung zu ca. 46 %, während die Isex-Anlage bei gleichem Druckverhältnis einen Wirkungsgrad von etwa 52 % entsprechend einer Steigerung um 12 % aufweist. Die Überlegenheit der Isex-Anlage vergrößert sich bei höheren Druckverhältnissen. Inwieweit eine Steigerung von γ_v bei der Isex-Anlage lohnend ist, können nur praktische Überlegungen, z.B. eine Abwägung von Bauaufwand und Wirtschaftlichkeit gegeneinander, ergeben. Besonders bei kleinen Δt-Werten (vgl. Abb.17) verlaufen die η_w-Kurven schon bei kleineren Druckverhältnissen ziemlich flach, d.h. sie liegen auch bei kleineren γ_v-Werten schon nahe an ihrem Höchstwert.

2.33 Der Regeneratorwirkungsgrad

Während sich der Regenerationsbeiwert η_{Reg} auf den Kreisprozeß bezieht und eine Funktion der den Kreisprozeß kennzeichnenden Einflußgrößen ist (vgl.Gl.44), bezieht sich der Regeneratorwirkungsgrad η_R auf die Güte des Wärmetauschers. Er gibt an, wieviel Prozent der ausnutzbaren Abgaswärme wirklich auf die Frischluft im Wärmetauscher übertragen werden. Nimmt man die spezifischen Wärmen als konstant an, so ist also (vgl.Abb.13):

$$\eta_R = \frac{(T_4 - T_2) - \Delta t}{T_4 - T_2} = 1 - \frac{\Delta t}{T_4 - T_2} \quad (46)$$

Der Regeneratorwirkungsgrad ändert sich danach linear mit Δt, wenn T_4 und T_2 konstant sind, d.h. wenn man einen bestimmten Kreisprozeß betrachtet. Will man auf der anderen Seite gleiche Δt-Werte erreichen, so braucht man um so wirksamere Wärmetauscher, je größer die Temperaturdifferenz (T_4-T_2) ist, je kleiner man also beispielsweise bei T_1 und T_3 = konst. das Druckverhältnis $\wp_v$ wählt. Nach Abbildung 13, in der der Kreisprozeß mit 50 % Reaktion für die Turbine dargestellt ist, gilt:

$$T_3 - T_4 = \frac{1}{2}(T_3 - T_e') = \frac{\eta_{t\,i}}{2}(T_3 - T_e) \text{ und mit } T_e = T_3 \left(\frac{1}{\wp_v}\right)^{\frac{\varkappa-1}{x\,\varkappa}} \text{ wird}$$

$$T_4 = T_3 - \frac{\eta_{t\,i}}{2} T_3 + \frac{\eta_{t\,i}}{2} \left(\frac{1}{\wp_v}\right)^{\frac{\varkappa-1}{x\,\varkappa}} T_3 \quad (47)$$

Entsprechend erhält man für T_2, wenn man hier zur Vereinfachung den Zwischenkühler als verlustlos ansieht ($\Delta p_{zw} = 0$; $\delta t_{zw} = 0$):

$$T_2 - T_1 = \frac{1}{\eta_{v\,i}} \cdot (T_{2ad} - T_1) \text{ und mit } T_{2ad} = T_1 \wp_v^{\frac{\varkappa-1}{y\,\varkappa}} \text{ wird}$$

$$T_2 = T_1 - \frac{1}{\eta_{v\,i}} T_1 + \frac{1}{\eta_{v\,i}} \wp_v^{\frac{\varkappa-1}{y\cdot\varkappa}} T_1 \quad (48)$$

($T_{2\,ad}$ entspricht dem Endpunkt der adiabaten Stufenverdichtungen.)

Die Temperaturdifferenz (T_4-T_2), die proportional der theoretisch ausnutzbaren Abgaswärme ist, wird somit:

$$T_4 - T_2 = (T_3 - T_1) - \left(T_3 \frac{\eta_{t\,i}}{2} - T_1 \frac{1}{\eta_{v\,i}}\right) + \left[T_3 \frac{\eta_{t\,i}}{2} \cdot \left(\frac{1}{\wp_v}\right)^{\frac{\varkappa-1}{x\,\varkappa}} - T_1 \frac{1}{\eta_{v\,i}} \wp_v^{\frac{\varkappa-1}{y\,\varkappa}}\right] \quad (49)$$

Für $y \to \infty$ und $x \to \infty$ oder für $\varrho_v \to 1$ erreicht (T_4-T_2) also seinen Höchstwert, nämlich T_3-T_1.

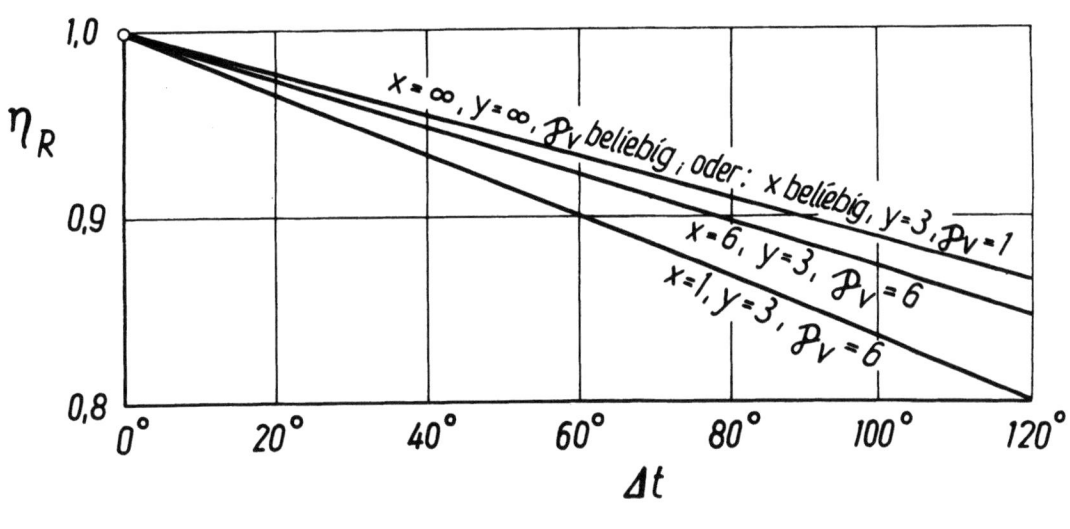

Abbildung 18

Regeneratorwirkungsgrad in Abhängigkeit von der Temperaturdifferenz im Wärmetauscher

In Abbildung 18 ist der Regeneratorwirkungsgrad η_R in Abhängigkeit von Δt für verschiedene Druckverhältnisse und Zwischenerhitzungszahlen wiedergegeben, und zwar für $T_3 = 1173°K$, $T_1 = 293°K$ und dreimalige Zwischenkühlung ($y = 3$); ($\eta_{t\,i} = 0,88$, $\eta_{v\,i} = 0,87$).

Danach verringert sich also für kleine Druckverhältnisse der Einfluß der Zwischenerhitzungszahl x, während sich umgekehrt der Einfluß des Druckverhältnisses zu großen Zwischenerhitzungszahlen hin verringert.

Der Vorteil, daß mit wachsendem Druckverhältnis der erforderliche Wärmetauscherwirkungsgrad bei vorgegebenem Δt kleiner wird, ist bei der Isex-Anlage weitergehend ausnutzbar als bei der Anlage ohne Zwischenerhitzung, weil bei letzterer eher das optimale Druckverhältnis (vgl.Abb.17) erreicht wird.

2.34 Einfluß der Druckverluste

Unter Druckverlusten sind einmal diejenigen Verluste gemeint, die zwischen Austritt Verdichter und Eintritt Turbine auftreten (Δp_h) und zum anderen jene, die sich zwischen Turbinenaustritt und der Stelle ergeben, wo die Abgase ins Freie ausströmen (Δp_n). Die Druckverluste der Zwischenkühler sind in η_v als η_{zw} enthalten (vgl.Gl.29).

Bei Prozessen ohne Regeneration treten Druckverluste auf der Niederdruckseite kaum und auf der Hochdruckseite im wesentlichen nur in der Brennkammer auf. Wendet man jedoch Regeneration an, so entstehen im Wärmetauscher auf Hoch- und Niederdruckseite zusätzliche Druckverluste, die um so größer werden, je wirksamer der Wärmetauscher sein soll. Eine Berücksichtigung ist in diesem Fall insofern empfehlenswert, als u.U. der Einfluß der Druckverluste den Gewinn durch Verbesserung von η_R überkompensieren kann.

Zur rechnerischen Erfassung der Druckverluste sollen ihre Absolutwerte zunächst dadurch dimensionslos gemacht werden, daß sie auf den Druck bezogen werden, der vor Eintreten des Druckverlustes vorhanden war. Die prozentualen Druckverluste q seien also definiert als (vgl.Abb.13):

$$q_h = \frac{\Delta p_h}{p_2} \quad \text{und} \quad q_n = \frac{\Delta p_n}{p_4} = \frac{\Delta p_n}{p_1 + \Delta p_n} \tag{50}$$

Der Druckverlustbeiwert φ nach Gleichung (37) ergibt sich zu:

$$\varphi = \frac{p_3}{p_4}\frac{p_1}{p_2} = \frac{(p_2 - \Delta p_h) \cdot p_1}{(p_1 + \Delta p_n) \cdot p_2} \quad, \tag{51}$$

woraus in Kombination mit Gleichung (50) wird:

$$\varphi = (1 - q_h) \cdot (1 - q_n) \quad. \tag{52}$$

Multipliziert man Gleichung (52) aus, so kann man das Glied $q_h \cdot q_n$ vernachlässigen, wenn q_h und q_n selbst sehr klein sind. Man erhält dann als Näherung

$$\varphi' = 1 - (q_h + q_n) \quad. \tag{53}$$

φ' ist also nur abhängig von der Summe der bezogenen Druckverluste und nicht davon, wie groß die Anteile sind. Der exakte Wert φ dagegen wird von den Einzelanteilen beeinflußt.

Man kann nun zeigen, daß $\varphi = \varphi_{max}$ wird, wenn $q_h = q_n$ ist. Bezeichnet man die Summe der Druckverluste mit

$$q = q_h + q_n \quad, \tag{54}$$

so erhält man für Gleichung (52) die Form

$$\varphi = 1 - q + q \cdot q_h - q_h^2 , \qquad (55)$$

die für q = const eine Parabelgleichung für q_h darstellt.

Für φ_{max} gilt mit Gleichung (55):

$$\frac{d\varphi}{dq_h} = q - 2q_h = 0 \longrightarrow q = 2q_h \qquad (56)$$

$$\varphi = \varphi_{max}: \quad q_{h\,opt} = \frac{q}{2} \quad d.h. \quad q_h = q_n$$

Dann ist nach Gleichung (52):

$$\varphi_{max} = \left(1 - \frac{q^2}{2}\right) \qquad und \qquad (57)$$

mit Gleichung (53) und (54):

$$\varphi_{max} - \varphi' = \frac{q^2}{4} \qquad (58)$$

Da diese Differenz wegen q ≪ 1 klein ist, und in der Praxis darüber hinhinaus immer $q_h \neq 0$ und $q_n \neq 0$ gilt, erscheint es angebracht, mit $\varphi = \varphi_{max}$, d.h. mit $q_h = q_n$ zu rechnen, wenn die Aufteilung von q in seine Anteile nicht bekannt ist. Im folgenden ist daher $\varphi = \varphi_{max}$ nach Gleichung (57) gesetzt.

Zur Ermittlung der Abhängigkeit des wirtschaftlichen Wirkungsgrades vom Druckverlustbeiwert φ geht man am besten von Gleichung (39) aus, die man wie folgt umformen kann:

$$\frac{\eta_w}{\eta_b} = \frac{1 - \left(\frac{1}{\varphi\,\vartheta_v}\right)^{\frac{\varkappa-1}{\varkappa\,\varkappa}} - \frac{1}{\eta_v\,\eta_t} \cdot \frac{\varkappa-1}{\varkappa\,\varkappa} \cdot \frac{T_1}{T_3} \ln\vartheta_v}{\frac{\Delta t}{\varkappa\,\eta_t\,T_3} + \frac{\eta_{ti}}{\eta_t} \cdot \left[1 - \left(\frac{1}{\varphi\,\vartheta_v}\right)^{\frac{\varkappa-1}{\varkappa\,\varkappa}}\right]}$$

oder

$$\frac{\eta_w}{\eta_b} = \frac{\vartheta_v^{\frac{\varkappa-1}{\varkappa\,\varkappa}} \cdot \left[1 - \frac{1}{\eta_v\,\eta_t} \cdot \frac{\varkappa-1}{\varkappa\,\varkappa} \cdot \frac{T_1}{T_3} \ln\vartheta_v\right] - \left(\frac{1}{\varphi}\right)^{\frac{\varkappa-1}{\varkappa\,\varkappa}}}{\vartheta_v^{\frac{\varkappa-1}{\varkappa\,\varkappa}} \cdot \left[\frac{\Delta t}{\varkappa\,\eta_t \cdot T_3} + \frac{1}{\eta_{tm}}\right] - \frac{1}{\eta_{tm}} \cdot \left(\frac{1}{\varphi}\right)^{\frac{\varkappa-1}{\varkappa\,\varkappa}}} . \qquad (59)$$

Der Einfluß der Druckverluste kann also dadurch berücksichtigt werden, daß von Zähler und Nenner je ein Glied der Form $(\frac{1}{\varphi})^a$ abgezogen wird. Da der Zähler kleiner ist als der Nenner, wie ein Vergleich der Werte der eckigen Klammern zeigt, wird damit η_w/η_b insgesamt verschlechtert, und zwar um so mehr, je größer die Korrektur $(\frac{1}{\varphi})^a$ ist. Die Tatsache, daß im Nenner die Korrektur $\frac{1}{\eta_{t\,m}} \cdot (\frac{1}{\varphi})^a$ lautet, ändert an dieser Tendenz nichts, da $\eta_{t\,m} \approx 1$ ist. Schlechte Wirkungsgrade η_w werden also durch φ stärker verschlechtert als gute Wirkungsgrade. Der Isex-Prozeß mit seinen hohen wirtschaftlichen Wirkungsgraden ist also gegen Druckverluste weniger empfindlich als jeder andere Kreisprozeß, was besonders hinsichtlich der Verwendung großer Wärmetauscher von Bedeutung ist.

Eine Darstellung von Gleichung (59) zeigt Abbildung 19, die für folgende Annahmen gilt: $T_1 = 293°K$, $T_3 = 1173°K$, $\Delta t = 100$ grd, $x = 6$, $\eta_v = 0,76$, $\eta_t = 0,88$ und $\eta_{t\,m} = 1,00$. In der Abbildung 19 ist zu erkennen, daß im Gebiet kleiner Wirkungsgrade die Verschlechterung von η_w durch q bzw. φ größer ist. Bei vorhandenen Druckverlusten wird η_w bereits bei Werten $\wp_v > 1$ zu Null. Das Druckverhältnis $(\wp_v)_{min}$, das überschritten werden muß, wenn $\eta_w > 0$ sein soll, ergibt sich aus Gleichung (59) durch Nullsetzen des Zählers:

$$(\wp_v)_{min} = \frac{1}{\varphi \cdot \left[1 - \frac{1}{\eta_v \eta_t} \cdot \frac{\varkappa - 1}{x \varkappa} \cdot \frac{T_1}{T_3} \cdot \ln(\wp_v)_{min}\right]^{\frac{x \varkappa}{\varkappa - 1}}} \qquad (60)$$

Da der zweite Summand der eckigen Klammer klein gegen 1 ist, kann man nach der allgemeinen Näherung $(1-z)^n \approx 1 - n \cdot z$ für $z \ll 1$ schreiben:

$$\left[1 - \frac{1}{\eta_v \eta_t} \cdot \frac{\varkappa - 1}{x \varkappa} \cdot \frac{T_1}{T_3} \cdot \ln(\wp_v)_{min}\right]^{\frac{x \varkappa}{\varkappa - 1}} \approx 1 - \frac{1}{\eta_v \eta_t} \cdot \frac{T_1}{T_3} \cdot \ln(\wp_v)_{min}$$

Damit wird:

$$(\wp_v)_{min} = \frac{1}{\varphi \cdot \left[1 - \frac{1}{\eta_v \eta_t} \cdot \frac{T_1}{T_3} \cdot \ln(\wp_v)_{min}\right]} \qquad (61)$$

Der Nenner dieser Gleichung kann nur bei $\varphi = 1,0$ den Wert 1 erhalten, entsprechend $\ln \wp_v = 0$. Bei $\varphi < 1,0$ wird er wegen $\ln \wp_v > 0$ stets < 1.

Man wird also durch die Druckverluste zu höheren Druckverhältnissen gezwungen, wenn man bestimmte Wirkungsgrade erreichen will. Abbildung 19 läßt beispielsweise erkennen, daß man, um bei 10 % Druckverlusten den gleichen Wirkungsgrad zu erreichen wie bei q = 0 %, das Druckverhältnis von 3,0 auf 4,5 oder von 4,0 auf 6,2 zu steigern hat.

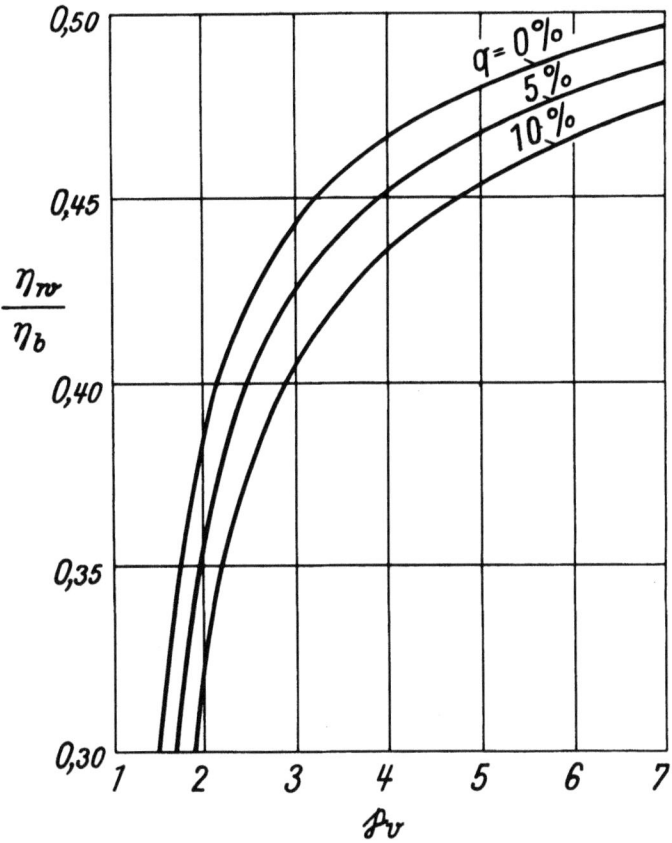

Abbildung 19

Wirtschaftlicher Wirkungsgrad eines Isex-Prozesses in Abhängigkeit vom Druckverhältnis und von der Größe der Druckverluste

2.35 Wirtschaftlicher Wirkungsgrad von Isex-Anlagen verschiedener Stufenzahl bei Berücksichtigung der Verluste

In Abbildung 20 ist für bestimmte Annahmen der in den vorigen Abschnitten behandelten Einflußgrößen der Wirkungsgrad für Isex-Anlagen verschiedener Stufenzahlen angegeben (x = 1 entspricht der Anlage ohne Zwischenerhitzung), um noch einmal, und zwar unter Berücksichtigung der Verluste, die erheblichen Wirkungsgradverbesserungen deutlich werden zu lassen, die durch Anwendung der Zwischenverbrennung möglich werden, und um andererseits zu zeigen, daß dazu bereits Stufenzahlen von 4 bis 6 ausreichen[4]. Um speziell den Einfluß der Maximaltemperatur des Prozesses T_3 hervorzuheben, wurde Gleichung (39) für 800°C, für 900°C und 1000°C ausgewertet. (Angenommene Werte: T_1=293°K, Δt=50 grd, q=4%, η_t=0,88, $\eta_{t\,m}$=1,00, η_v=0,76.)

---

[4] Der Einfluß der gekühlten Stufenverdichtung kommt im Wirkungsgrad η_v (vgl. Abschn. 2.2) zum Ausdruck.

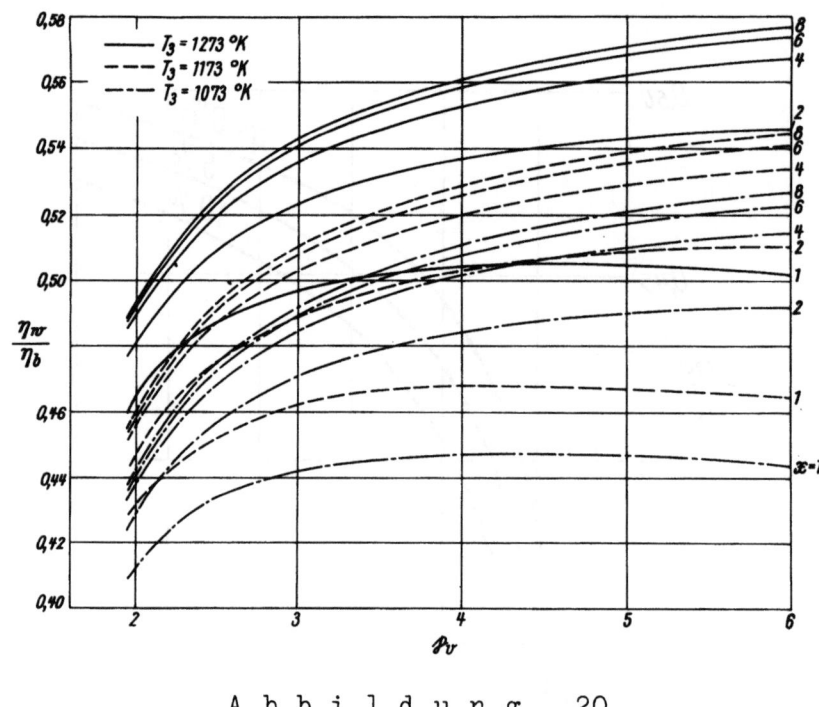

Abbildung 20

Wirtschaftlicher Wirkungsgrad für Isex-Anlagen verschiedener Stufenzahlen, abhängig vom Druckverhältnis und von der Maximaltemperatur

3. Die Zwischenverbrennung

3.1 Durchführung der Zwischenverbrennung

Nach der rein thermodynamischen Betrachtung des Isex-Prozesses in den vorigen Abschnitten soll nunmehr auf die eigentliche Zwischenverbrennung näher eingegangen werden. Die Reaktion der zur Temperaturerhöhung durchgeführten Zwischenverbrennung im Turbineninnern spielt sich innerhalb der Strömung des Arbeitsgases, also in einem - evtl. gegenüber der Normalausführung vergrößerten - Axialspalt zwischen zwei benachbarten Schaufelkränzen oder in den Schaufelkanälen selbst ab.

Ein entscheidendes Problem bei der Zwischenverbrennung ist die Flammenhaltung und die Zündung. Es ist sowohl bei der Einleitung der Zwischenverbrennung wie auch während des Betriebes eine fortgesetze Selbstzündung erforderlich, die insbesondere, da die Zwischenverbrennung mit einer möglichst kurzen Flamme vor sich gehen soll, durch eine Temperatur T_3 des Arbeitsgases gewährleistet werden soll, die eine für eine spontane Zündung ausreichende Höhe hat. Um eine Schnellzündung und sichere Stabilisierung der Flamme zu erzielen, muß die Temperatur T_3 - wie Vorausrechnungen und eingehende Versuche erwiesen (vgl.Teil II dieses Berichtes) - in den meisten Fällen und insbesondere bei neuen Schaufelformen so hoch liegen, daß eine Kühlung der Leit- bzw. Laufschaufeln oder beider notwendig wird. Hierfür bietet sich als einfachste Kühlmethode eine Innenkühlung durch den einzuführenden Zusatzbrennstoff - evtl. mit zugemischter oder getrennt zugeführter Zusatzluft - an. Dabei wird dieser z.B. durch die hohle Welle zugeführt, tritt an den Hinterkanten der Schaufel aus und vermischt sich mit dem Arbeitsgas.

Die Flammenhaltung an der Schaufel ist zunächst dadurch möglich, daß wie bei allen Flammenhaltern eine Zone kleiner Strömungsgeschwindigkeit oder Wirbel an der Zündstelle geschaffen werden. Der Brennstoff muß dann so zugeführt werden, daß er in diese Zone gelangt. Ein direktes Einblasen des Brennstoffes in die Zündzone ergibt jedoch durchaus nicht unbedingt optimale Brennbedingungen, da zu hohe Geschwindigkeiten des Brennstoffstrahles die Flamme wegzublasen drohen. Eine Zone kleiner Strömungsgeschwindigkeit (Totwassergebiet) ist im allgemeinen an dem hinteren Teil der Schaufel, und zwar auf deren konvexen Rückenseite vorhanden. Die in diesem Totwassergebiet vorhandenen Wirbel sorgen dafür, daß das ganze Gebiet von Brennstoff bzw. Brennstoff-Luftgemisch erfüllt wird, wenn dieses an einer Stelle des Totwasserraumes aus der Schaufel austritt. Abbildung 21 zeigt den Fall, bei dem der Brennstoff direkt an der Hinterkante der Schaufel in Hauptströmungsrichtung ausgeblasen wird.

Zündung und Flammenhaltung sind natürlich besser, wenn glühende Teile an der Zündstelle vorhanden sind. Hier läßt sich durch geeignete Brennstoff-Führung in der Hohlschaufel viel zur Flammenstabilisierung beitragen.

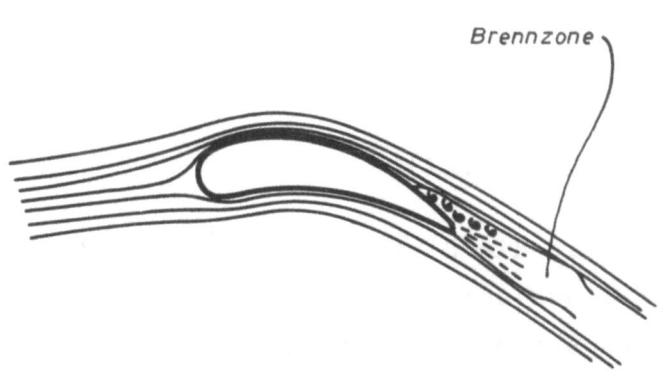

A b b i l d u n g   21

Strömungsbild an einer Schaufel mit an der Hinterkante austretendem Brennstoff

Die beschriebenen Probleme wurden in Grundlagenversuchen an einem stehenden ebenen Gitter eingehend untersucht (s.Teil II dieser Arbeit).

3.2 Die Luftverhältnisse bei Erst- und Zwischenverbrennung

Mit Erstverbrennung ist im folgenden die Verbrennung gemeint, die sich in der Brennkammer abspielt, bevor das Arbeitsgas in die erste Turbinenstufe eintritt. Durch Beimischung von Brennstoff und evtl. Zusatzluft sowie von Kühlluft für die Laufschaufeln nimmt die Arbeitsgasmenge von Schaufelkranz zu Schaufelkranz zu, und jede Zwischenverbrennung findet bei einem anderen Luftverhältnis λ statt.

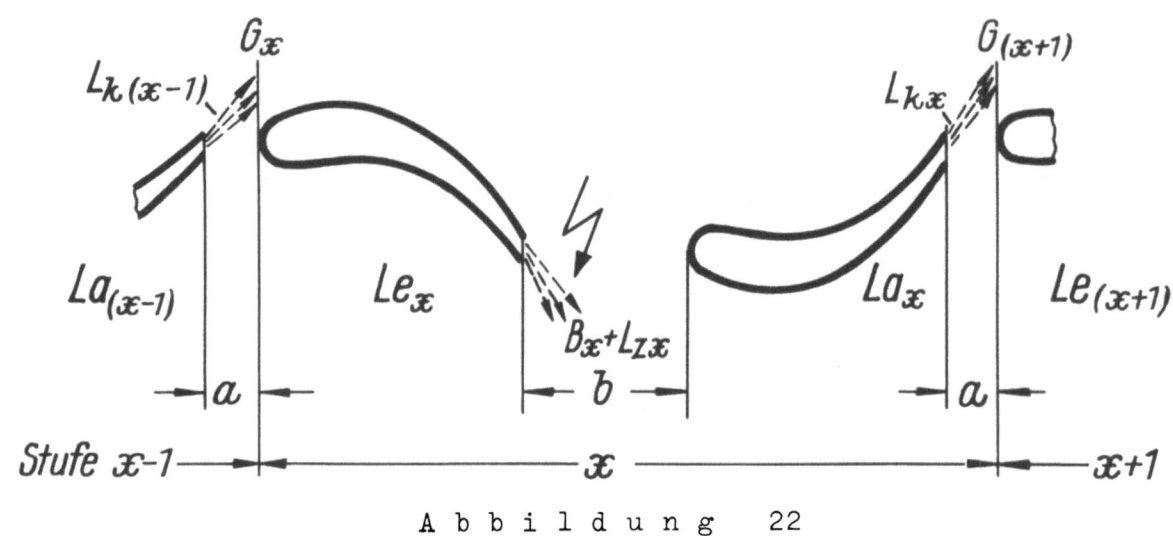

Abbildung 22

Bilanz der in der Zwischenverbrennungsstufe x umgesetzten Mengen an Arbeitsgas (G), Brennstoff (B), Zusatzluft (L_z) und Kühlluft (L_k)

Soll das Luftverhältnis errechnet werden, so ist es notwendig, über den Ablauf der Vorgänge gewisse idealisierende Annahmen zu treffen sowie einige Beziehungen einzuführen.

Es bedeuten in kg/h (vgl.Abb.22):

G_x Gewicht des in die Stufe x eintretenden Arbeitsgases

G_{x+1} Gewicht des aus der Stufe x austretenden Arbeitsgases

B_x Gewicht des durch die Leitschaufeln der Stufe x zugeführten Brennstoffes

L_{zx} Gewicht der Zusatzluft, die zusammen mit dem Brennstoff der Stufe x zugeführt wird

L_{kx} Gewicht der durch die Leitschaufeln der Stufe x zugeführten Kühlluft

Für die Beziehung der Gewichte untereinander muß gelten:

$$G_{x+1} = G_x + B_x + L_z + L_k \qquad (62)$$

Das in die erste Stufe eintretende Arbeitsgasgewicht G_1 enthält das vom Verdichter in die Brennkammer gelieferte Luftgewicht L_o und das in die Brennkammer eingeführte zur Erstverbrennung notwendige Brennstoffgewicht B_o. Es ist also:

$$G_1 = L_o + B_o \qquad \text{und}$$

$$L_{ko} = L_{zo} = 0$$

Es soll angenommen werden, daß sich die Kühlluft $L_{k\ x-1}$ vollständig mit dem Arbeitsgas gemischt hat, bevor das Arbeitsgas G_x in die Stufe x eintritt, und daß sich B_x und L_{zx} vollständig mit dem Arbeitsgas gemischt haben, bevor die Zwischenverbrennung einsetzt.

Betrachtet man nun die Zwischenverbrennung in einer Stufe x, so sind vor der Verbrennung vorhanden: die Arbeitsgasmenge G_x, die zugeführte Brennstoffmenge B_x und die mit dem Brennstoff zugeführte Zusatzluft L_{zx}.

In der der Stufe x zuströmenden Arbeitsgasmenge G_x ist ein Anteil R_x enthalten, der das Rauchgasgewicht darstellt, das sich bei den Verbrennungen in allen vorigen Stufen und in der Brennkammer ergeben hat. Ferner ist in G_x ein Luftgewicht L_x enthalten, das eine Rest- oder Überschußluft infolge der überstöchiometrischen Verbrennungen vor der Stufe x darstellt. Schließlich enthält G_x das Kühlluftgewicht $L_{k\ x-1}$, das durch die Laufschaufeln der vorigen Stufe zugeführt wurde.

Das Luftverhältnis, bei dem die Verbrennung in der Stufe x stattfindet, ist damit:

$$\lambda_x = \frac{L_x + L_{k\ x-1} + L_{z\ x}}{B_x L_{min}} \qquad (63)$$

mit L_{min} in kg Luft/kg Brennstoff.

λ_x ist das "wirkliche" Luftverhältnis, bei dem die Zwischenverbrennung erfolgt, gibt also an, wieviel Luft für die Zwischenverbrennung der Stufe x verfügbar ist, sagt aber nichts über die im Arbeitsgas vorhandene Rauchgasmenge R, also über die Arbeitsgaszusammensetzung aus. Diese wird verdeutlicht, wenn man ein sogenanntes "scheinbares" Luftverhältnis λ'_x einführt.

Nach der Verbrennung in der Stufe x, jedoch vor Zuführung der Kühlluft $L_{k\,x}$, sind hinsichtlich der Zusammensetzung der in die nächste Stufe x + 1 eintretenden Arbeitsgasmenge die Anteile R_{x+1} und L_{x+1} vorhanden. Man könnte von dieser Arbeitsgaszusammensetzung rückwärts auf eine Verbrennung schließen, die sich mit λ'_x abgespielt hat, wobei vor dieser Verbrennung die scheinbaren Anteile (B'_x) und (L'_x) vorhanden gewesen wären.

Damit wird also:

$$\lambda'_x = \frac{L'_x}{B'_x \cdot L_{min}} \tag{64}$$

Dieses scheinbare Luftverhältnis läßt sich auch durch die wirklich vorhandenen Anteile ausdrücken. Mit den Beziehungen

$$R_{x+1} + L_{x+1} = B'_x + L'_x \tag{65}$$

$$R_{x+1} = B'_x \cdot (1 + L_{min}) \tag{66}$$

sind zwei Gleichungen gegeben, aus denen sich B'_x und L'_x durch wirkliche Größen ausdrücken lassen:

$$B'_x = \frac{R_{x+1}}{1 + L_{min}} \tag{67}$$

$$L'_x = R_{x+1} + L_{x+1} - \frac{R_{x+1}}{1 + L_{min}} \tag{68}$$

Das scheinbare Luftverhältnis wird mit Gleichung (64), (67) und (68):

$$\lambda'_x = 1 + \frac{L_{x+1}}{R_{x+1}} \cdot \frac{1+L_{min}}{L_{min}} \tag{69}$$

Dieses λ'_x gibt also direkt die Arbeitsgaszusammensetzung an, denn es enthält das Verhältnis von Luftmenge und Rauchgas, die nach der Verbrennung in der Stufe x, jedoch vor der Kühlluftbeimischung $L_{k\,x}$ vorhanden sind und zusammen mit $L_{k\,x}$ der Stufe x+1 zugeleitet werden.

Der zweite Quotient in Gleichung (69) ist eine nur von der Brennstoffart abhängige Konstante K:

$$\frac{1 + L_{min}}{L_{min}} = K \tag{70}$$

die nicht wesentlich von 1 abweicht.

Es muß sich nunmehr auch eine Beziehung zwischen dem "wirklichen" und dem "scheinbaren" Luftverhältnis angeben lassen. Gleichung (63) für λ_x enthält die Gewichte, die vor der Verbrennung in der Stufe x vorhanden sind, in Gleichung (69) für λ'_x dagegen stehen Gewichte, die nach der Verbrennung in der Stufe x vorhanden sind.

Die nach der Verbrennung in der Stufe x noch vorhandene Restluft ist:

$$L_{x+1} = (L_x + L_{k\,x-1} + L_{z\,x}) - B_x \cdot L_{min} \tag{71}$$

Die Summe in der Klammer ist die vor der Verbrennung vorhandene Luft, also der Zähler des Ausdruckes für λ_x. Mit Gleichung (71) wird jetzt aus Gleichung (63):

$$\lambda_x = \frac{L_{x+1} + B_x \cdot L_{min}}{B_x \cdot L_{min}} = 1 + \frac{L_{x+1}}{B_x \cdot L_{min}} \tag{72}$$

Dividiert man Gleichung (69) durch (72), so ist:

$$\frac{\lambda'_x - 1}{\lambda_x - 1} = \frac{B_x \cdot (1+ L_{min})}{R_{x+1}} \tag{73}$$

Da $B_x(1+L_{min})$ die bei der Verbrennung in der Stufe x entstehende Rauchgasmenge ist:

$$B_x \cdot (1+L_{min}) = R_{x+1} - R_x , \qquad (74)$$

wird:

$$\frac{\lambda'_x - 1}{\lambda_x - 1} = 1 - \frac{R_x}{R_{x+1}} \qquad (75)$$

Das in diesem Ausdruck auftauchende Verhältnis der Rauchgasmengen zweier aufeinanderfolgenden Stufen läßt sich durch die Brenngasmengen B_x ausdrücken:

$$R_{x+1} = (1 + L_{min}) \cdot \sum_{x=0}^{x} B_x \qquad (76)$$

Mit Gleichung (74) und (76) wird also jetzt:

$$\frac{R_x}{R_{x+1}} = 1 - \frac{B_x}{\sum_{x=0}^{x} B_x} \qquad (77)$$

Somit kann für Gleichung (75) geschrieben werden:

$$\frac{\lambda'_x - 1}{\lambda_x - 1} = \frac{B_x}{\sum_{x=0}^{x} B_x} \qquad (78)$$

Mit den abgeleiteten Beziehungen lassen sich das wirkliche Luftverhältnis λ_x und das scheinbare Luftverhältnis λ'_x angeben, wenn die in jeder Stufe zugeführten Brennstoffmengen B_x bekannt sind, deren Ermittlung im nächsten Abschnitt hergeleitet wird. Wenn sich alle Teilexpansionen zwischen gleichen Temperaturgrenzen abspielen, muß B_x wegen des Anwachsens der zu erhitzenden Menge mit der Stufenzahl x zunehmen.

Für die folgende Betrachtung seien die Verhältnisse

$$\alpha_x = \frac{L_{z\,x}}{B_x} \quad \text{und}$$

$$\beta_x = \frac{L_{k\,x}}{G_x + B_x + L_{z\,x}} \qquad (80)$$

eingeführt, die eine Aussage über die anteilig zugeführten Mengen an Zusatzluft und Kühlluft machen. Das Mischungsverhältnis α_x führt dabei zu einem dritten Luftverhältnis $\lambda_{B\,x}$, das angibt, wie groß der Luftmangel des eingeblasenen Brennstoff-Zusatzluftgemisches ist, also ein Maß für dessen Zündfähigkeit darstellt und bestimmte Werte aus Sicherheitsgründen nicht überschreiten darf:

$$\lambda_{Bx} = \frac{\alpha_x}{L_{min}} \qquad (81)$$

Nimmt man an, daß sich eine ausreichende Kühlwirkung für die Leitschaufeln, wenn nicht mit $L_{z\ x} = 0$, so doch mit $L_{z\ x} \approx 1$ bis $3 \cdot B_x$, also mit $\alpha_x \approx 1$ bis 3 erreichen läßt, so führt dies zu Luftverhältnissen $\lambda_{Bx} \approx 0,1$ bis $0,2$, deren genauer Zahlenwert natürlich von L_{min}, also von der Brennstoffart abhängt.

In Abbildung 23 ist dargestellt, wie sich die Luftverhältnisse λ'_x und λ_x mit der Stufenzahl x ändern, wobei der bezüglich der vorhandenen Luftmengen ungünstigste Fall $\alpha_x = 0$ angenommen ist[5]. Der Kühlluftanteil hat den relativ hohen Wert $\beta_x = 0,03$.

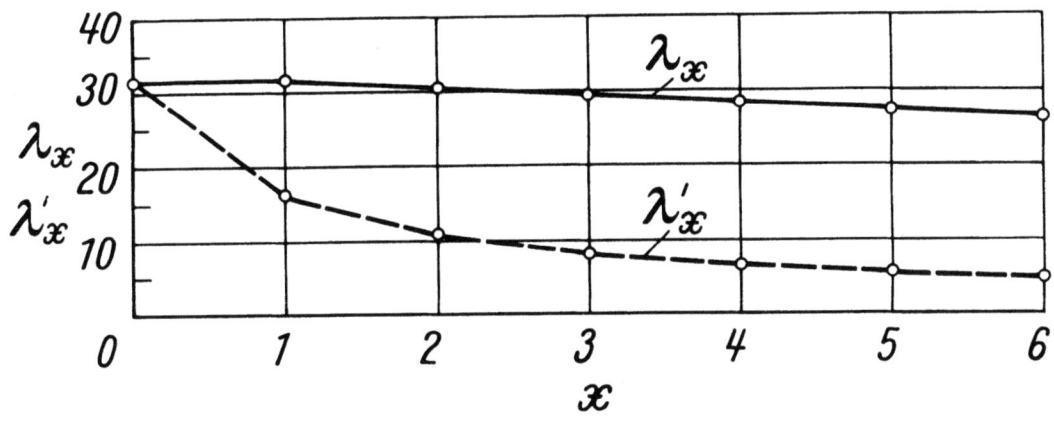

Abbildung 23

Änderung des wirklichen und scheinbaren Luftverhältnisses mit der Stufenzahl

---

[5] G. MANGOLD stellt in [1] die Luftüberschußzahl in Abhängigkeit von der Stufenzahl für die Verbrennung eines flüssigen Brennstoffes dar.

Der Berechnung liegt ein Isex-Prozeß zugrunde, der mit einem Druckverhältnis $\varrho_v = 4$, einer Höchsttemperatur $t_3 = 900°C$ und $\Delta t = 80$ grd arbeitet. Die Stufenzahl beträgt $x = 6$. Als Brennstoff wurde Leuchtgas verwendet. (Zur Durchführung der Berechnung vgl. den folgenden Abschn.3.3.)

Die Abbildung 23 läßt klar erkennen, daß eine ausreichende Luftmenge auch für die Zwischenverbrennung der letzten Stufen auf jeden Fall immer vorhanden ist. Die recht hohen Luftverhältnisse λ_x liegen darin begründet, daß die zugeführten Brenngasmengen B_x äußerst klein sind, weil ja das Arbeitsgas bei den Stufenverbrennungen nur jeweils um 70 bis 80 Grad aufgeheizt zu werden braucht. Aus dem gleichen Grunde ist auch das Luftverhältnis λ in der Brennkammer hoch, wo das Arbeitsgas nur um $\Delta t = 80$ grd aufzuheizen ist. Das scheinbare Luftverhältnis nimmt stärker ab als das wirkliche. Es gibt, wie bereits beschrieben, die Arbeitsgaszusammensetzung nach den Stufenverbrennungen an. Mit Gleichung (69) und (70) ist:

$$\frac{L_{x+1}}{R_{x+1}} = \frac{\lambda'_x - 1}{K} \tag{82}$$

Nach Abbildung 23 ist demnach nach der Verbrennung in der letzten Stufe ($x = 6$) immer noch viermal soviel Luft wie Rauchgas in dem dem Wärmetauscher zuströmenden Arbeitsgas enthalten.

3.3 Bestimmung der Brennstoffmengen bei Erst- und Zwischenverbrennung und der Temperaturgrenzen der Teilexpansionen

Die zuzuführenden Brennstoffmengen B_x bei Erst- und Zwischenverbrennung sind vom Aufheizungsgrad des Arbeitsgases abhängig, d.h. zur Ermittlung der Brennstoffmengen ist die Kenntnis bestimmter Ersttemperaturen erforderlich. Zur Einführung einiger Temperaturbezeichnungen sei der Vorgang der Erst- und Zwischenverbrennung im T,s-Diagramm dargestellt (Abb.24).

Die bisher verwendeten Bezeichnungen T_3, T_4 und T_R (vgl.Abb.3) werden beibehalten, die Temperatur des Arbeitsgases vor der Zwischenverbrennung sei mit T_{zw} bezeichnet. Unter der Voraussetzung gleichen Gefälles und gleicher Kühlung in allen Stufen werden die entsprechenden Temperaturen verschiedener Stufen als gleich angenommen.

In der Leitschaufel der ersten Stufe würde die Expansion bei ungekühlter Leitschaufel von T_4 nach T''_{zw} erfolgen. Infolge der Schaufelkühlung jedoch wird der Zustand nach der Expansion bei gleichzeitiger Wärmeabfuhr statt bei T''_{zw} bei T'_{zw} liegen. Nach Vermischung des eingeführten Brenn-

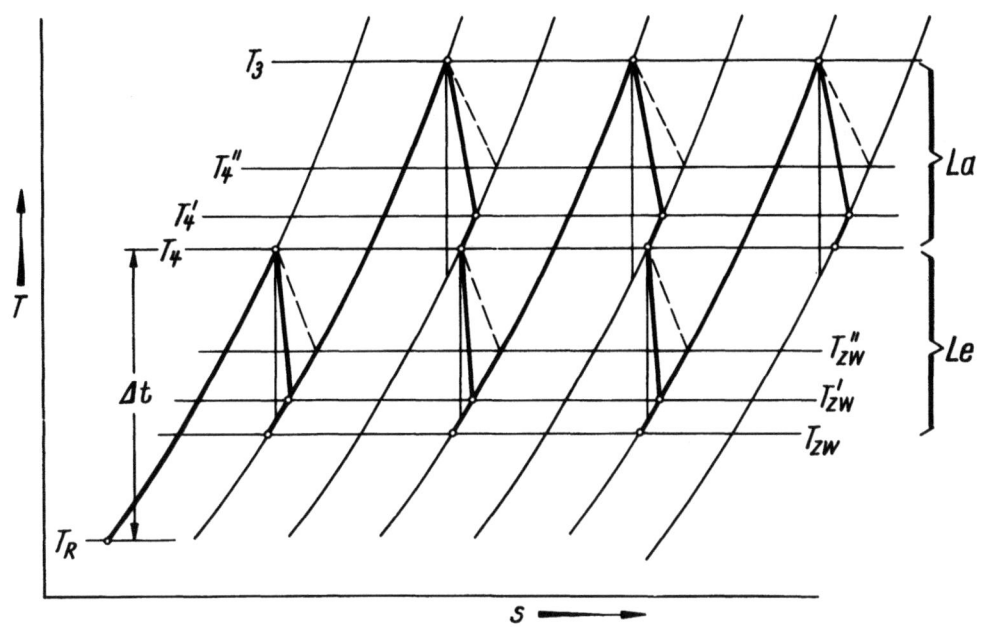

Abbildung 24

Temperaturbezeichnungen bei der Erst- und Zwischenverbrennung

stoff-Zusatzluft-Gemisches $B + L_z$ mit dem Arbeitsgas wird die Temperatur T_{zw} erreicht. Entsprechendes gilt für die gekühlte, hier zunächst als von Kühlluft L_k durchströmte angenommene Leitschaufel.

Die Temperaturgrenzen der Erstverbrennung sind durch Δt gegeben, wenn T_4 bekannt ist. Von den Temperaturgrenzen T_3 und T_{zw} der Zwischenverbrennung liegt T_3 fest, T_{zw} ist zu berechnen. Zu den Mischungsendtemperaturen T_4 und T_{zw} gelangt man über Wärmebilanzansätze von den Expansionsendtemperaturen T_4'' und T_{zw}'' aus.

Der Weg der Temperaturberechnung sei im folgenden, ausgehend von der Höchsttemperatur T_3, angegeben. Für die Expansion im Laufrad gilt, wenn 50 %ige Reaktion vorausgesetzt wird:

$$T_3 - T_4'' = \eta_{La\,i}\, T_3 \left[1 - \left(\frac{1}{\gamma_t}\right)^{\frac{\varkappa - 1}{2\varkappa \cdot \varkappa}}\right], \tag{83}$$

wobei $\gamma_t^{\frac{1}{2\varkappa}} = \gamma_{La}$ ist. Es folgt die Expansionsendtemperatur zu

$$T_4'' = T_3 \left\{1 - \eta_{La\,i} \left[1 - \left(\frac{1}{\gamma_t}\right)^{\frac{\varkappa - 1}{2\varkappa \cdot \varkappa}}\right]\right\} \tag{84}$$

Tritt die Kühlluft mit der Verdichtungstemperatur T_2 in die Laufschaufeln ein, so erhält man unter Vernachlässigung der Verluste nach außen die Wärmebilanz-Gleichung:

Seite 47

$$L_{k\,x} \cdot (i_4 - i_2) = (G_x + B_x + L_{z\,x}) \cdot (i_4'' - i_4), \qquad (85)$$

woraus sich, wenn c_p (Luft) $\approx c_p (\lambda'_x)$ gesetzt wird, T_4 mit Hilfe von Gleichung (80) ergibt zu:

$$T_4 = \frac{T_4'' \cdot [c_p]_o^{T_4''} + \beta_x \cdot T_2 \cdot [c_p]_o^{T_2}}{[c_p]_o^{T_4} + \beta_x \cdot [c_p]_o^{T_4}} \qquad (86)$$

Die Expansionsendtemperatur im Leitrad ergibt sich entsprechend Gleichung (84):

$$T_{zw}'' = T_4 \cdot \left\{ 1 - \eta_{Le\,i} \cdot \left[1 - \left(\frac{1}{\gamma_t}\right)^{\frac{\varkappa - 1}{2x \cdot \varkappa}} \right] \right\} \qquad (87)$$

Für die Vermischung des Brennstoff-Luft-Gemisches $B_x + L_{z\,x}$ mit dem Arbeitsgas G_x gilt, wenn die Temperatur des Brennstoffes und der Zusatzluft ebenfalls T_2 beträgt, die folgende Wärmebilanz-Gleichung:

$$(B_x + L_{z\,x}) \cdot \left[[c_p(\alpha_x)]_o^{T_{zw}} \cdot T_{zw} - [c_p(\alpha_x)]_o^{T_2} \cdot T_2 \right]$$
$$= G_x \cdot \left[[c_p]_o^{T_{zw}''} \cdot T_{zw}'' - [c_p]_o^{T_{zw}} \cdot T_{zw} \right] \qquad (88)$$

Je nach verwendeter Brennstoffart kann der Fall eintreten, daß die Mischungsendtemperatur T_{zw} höher liegt als die Selbstentzündungstemperatur des Brennstoffes, d.h. die Verbrennung muß bereits einsetzen, bevor die Mischung abgeschlossen ist. Dieser Vorgang hat jedoch auf die Berechnung der Brennstoffmengen keinen Einfluß.

Gleichung (88) enthält nun außer der Unbekannten T_{zw} noch das Brennstoffgewicht B_x selbst, das seinerseits von T_{zw} abhängt. Die zweite erforderliche Bestimmungsgleichung ist durch die Wärmebilanz-Gleichung der Zwischenverbrennung der Stufe gegeben, in der wegen $\lambda' > 1$ wieder c_p (Luft) $\approx c_p(\lambda'_x)$ gesetzt wird:

$$B_x H_{u\,o} + B_x [c_{p\,B}]_o^{T_{zw}} T_{zw} + (G_x + L_{z\,x}) [c_p]_o^{T_{zw}} T_{zw}$$
$$= (G_x + L_{z\,x} + B_x) [c_p]_o^{T_3} T_3 \qquad (89)$$

oder:

$$G_x \cdot ([c_p]_o^{T_3} T_3 - [c_p]_o^{T_{zw}} T_{zw}) + L_{z\,x} ([c_p]_o^{T_3} T_3 - [c_p]_o^{T_{zw}} T_{zw}) \\ \cdot B_x([c_p]_o^{T_3} T_3 - [c_{p\,B}]_o^{T_{zw}} T_{zw}) = B_x \cdot H_u \qquad (90)$$

Aus den Gleichungen (88) und (90) können die zwei Unbekannten T_{zw} und B_x ermittelt werden, wenn nach Gleichung (79) $L_{z\,x} = \alpha_x \cdot B_x$ eingeführt wird und G_x bekannt ist.

Ist G_x nicht bekannt, so kann zunächst das bezogene Brennstoffgewicht B_x/G_x angegeben werden. Dieses wird nach Gleichung (88):

$$\frac{B_x}{G_x} = \frac{1}{1+\alpha_x} \cdot \frac{[c_P]_o^{T''_{zw}} \cdot T''_{zw} - [c_P]_o^{T_{zw}} \cdot T_{zw}}{[c_P(\alpha_x)]_o^{T_{zw}} \cdot T_{zw} - [c_P(\alpha_x)]_o^{T_2} \cdot T_2} \qquad (91)$$

und nach Gleichung (90):

$$\frac{B_x}{G_x} = \frac{[c_P]_o^{T_3} \cdot T_3 - [c_P]_o^{T_{zw}} \cdot T_{zw}}{H_u - \left([c_P]_o^{T_3} \cdot T_3 - [c_{P\,B}]_o^{T_{zw}} \cdot T_{zw}\right) - \alpha_x \cdot \left([c_P]_o^{T_3} \cdot T_3 - [c_P]_o^{T_{zw}} \cdot T_{zw}\right)} \qquad (92)$$

Die Lösung erfolgt am besten graphisch, indem man B_x/G_x nach beiden Gleichungen für konstante α_x über T_{zw} aufträgt; der Schnittpunkt liefert T_{zw} und das bezogene Brennstoffgewicht B_x/G_x. (Der Wert T''_{zw} ergab sich aus Gleichung (87).) Für gleiches T_{zw} in allen Stufen gibt es für einen bestimmten Wert α_x, also nur einen bestimmten Wert B_x/G_x, wenn die Änderung der spezifischen Wärmen in Abhängigkeit von λ'_x unberücksichtigt bleibt. Dieses bezogene Brennstoffgewicht sei mit ε bezeichnet:

$$\left(\frac{B_x}{G_x}\right)_{\alpha_x = const} = \varepsilon = const \qquad (93)$$

Damit und mit Gleichung (79) und (80) wird es möglich, fortlaufend alle Gewichte zu berechnen, wenn das in die erste Stufe eintretende Arbeitsgasgewicht G_1 bekannt ist, das sich zusammensetzt nach $G_1 = L_o + B_o$.

Dann wird also z.B. in der Reihenfolge der Beziehungen (93), (79) und (80):

$$B_1 = \varepsilon \cdot G_1$$

$$L_{z\,1} = \alpha_1 \cdot B_1 = \alpha_1 \cdot \varepsilon \cdot G_1$$

$$L_{k\,1} = \beta_1 \cdot (G_1 + B_1 + L_{z\,1}) = \beta_1 \cdot (1 + \varepsilon + \alpha_1 \cdot \varepsilon) \cdot G_1$$

und

$$\begin{aligned}G_2 &= G_1 + B_1 + L_{z\,1} + L_{k\,1} \\ &= G_1 \cdot \left[1 + \varepsilon + \alpha_1 \cdot \varepsilon + \beta_1 \cdot (1 + \varepsilon + \alpha_1 \cdot \varepsilon)\right] \\ &= G_1 \cdot (1 + \beta_1) \cdot \left[1 + \varepsilon \cdot (1 + \alpha_1)\right]\end{aligned}$$

Allgemein geschrieben wird:

$$\frac{G_{x+1}}{G_x} = (1 + \beta_x) \cdot \left[1 + \varepsilon \cdot (1 + \alpha_x)\right] \tag{94}$$

Zur Ermittlung der nach der Erstverbrennung vorhandenen, in die erste Stufe ($x = 1$) eintretenden Arbeitsgasmenge G_1 ist die Kenntnis der in die Brennkammer eingeblasenen Brennstoffmenge B_o erforderlich. Die in die Brennkammer eintretende Luftmenge L_o ist als durch die geforderte Leistung der Anlage vorgegeben anzusehen.

Das Brennstoffgewicht B_o ergibt sich aus der Verbrennungsgleichung für die Erstverbrennung, wenn man annimmt, daß der Brennstoff genau wie die Luft bis auf T_R vorgewärmt wird (vgl. Abb. 24):

$$B_o H_{u\,o} + B_o \left[c_{p\,B}\right]_o^{T_R} T_R + L_o \left[c_p\right]_o^{T_R} T_R \tag{95}$$

$$= (B_o + L_o) \left[c_p\right]_o^{T_4} T_4$$

Dann ist:

$$B_o = L_o \frac{\left[c_p\right]_o^{T_4} T_4 - \left[c_p\right]_o^{T_R} T_R}{H_{u\,o} + \left[c_{p\,B}\right]_o^{T_R} T_R - \left[c_p\right]_o^{T_4} T_4} \tag{96}$$

Wenn man B_o auf L_o bezieht, erhält man das in die Brennkammer pro 1 kg Luft einzublasende Brennstoffgewicht:

$$\frac{B_o}{L_o} = \frac{\left[c_p\right]_{T_R}^{T_4} \Delta t}{H_{u\,o} - \left[c_p\right]_{T_R}^{T_4} \Delta t} \tag{97}$$

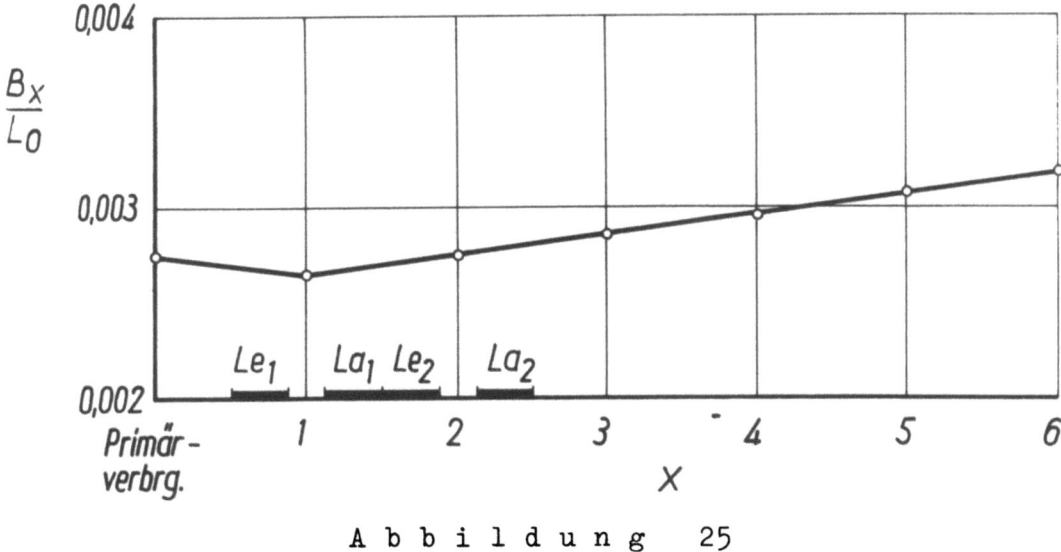

Abbildung 25

Spezifische Brennstoffmengen in den einzelnen Stufen der Zwischenverbrennung

Dieses Brennstoffgewicht ist also im wesentlichen Δt proportional und läßt damit die Abhängigkeit der Wirtschaftlichkeit des Prozesses von Δt erkennen.

Abbildung 25 zeigt die Veränderung der auf L_o bezogenen Brennstoffmengen von Stufe zu Stufe. Der Berechnung liegt der gleiche Prozeß wie Abbildung 23 zugrunde. Die Brennstoffmengen nehmen - in dieser Darstellung noch nicht erkennbar - etwas mehr als linear zu.

4. Einfluß der Schaufelkühlung durch Kühlluft auf den wirtschaftlichen Wirkungsgrad der Isex-Anlage

Der Berechnung des wirtschaftlichen Wirkungsgrades η_w werden im allgemeinen Kreisprozesse zugrunde gelegt, also Prozesse, bei denen sich weder die Zusammensetzung noch das Gewicht des Arbeitsmediums ändert. Der Einfluß der Mengenänderung bei den einzelnen Teilprozessen kann u.U. den wirtschaftlichen Wirkungsgrad erheblich beeinflussen, insbesondere wenn mit der Mengenänderung auch eine Zustandsänderung verbunden ist. Eine Mengenänderung kann z.B. durch Brennstoffzufuhr oder durch Beimengung von Kühlluft zum Arbeitsgas des Prozesses gegeben sein. Will man nur die Einflüsse erfassen, die von der chemischen Zusammensetzung des Arbeitsmediums weitgehend unabhängig sind, genügt es, die Brennstoffzufuhr durch die Zufuhr eines gleichen Luftgewichtes gleichen Druckes und gleicher Temperatur zu ersetzen. Diese Bedingung soll der folgenden Betrachtung zugrunde gelegt werden.

Weiter wird zunächst vorausgesetzt, daß die in den Zwischenerhitzungsstufen beigemischten Luftmengen - einschließlich der Ersatzluftmenge, die dem Brennstoffgewicht entspricht - eine Kühlwirkung auf diejenigen Hohlschaufeln ausüben sollen, durch welche die Zuströmung erfolgt. Sie werden daher im folgenden insgesamt als "Kühlluft" bezeichnet.

Der prozentuale Anteil der in jeder Zwischenerhitzungsstufe beigemischten Kühlluftmenge an der durch diese Stufe strömenden Arbeitsgasmenge sei mit k bezeichnet und für alle Stufen als konstant angenommen, was einer etwa gleichmäßigen Kühlung aller Schaufelkränze entspricht:

$$k = \frac{\text{Kühlluftgewicht}}{\text{Arbeitsgasgewicht}} \cdot 100 \; [\%] \qquad (98)$$

Bezüglich des Einflusses der bezogenen Kühlluftmenge k auf den wirtschaftlichen Wirkungsgrad sind im wesentlichen vier Gesichtspunkte maßgebend:

1. Mehraufwand an Verdichtungsarbeit, um die Kühlluft mindestens auf den Druck an der Mischungsstelle zu verdichten.

2. Mehrarbeit bei der Expansion in der Turbine infolge der Gewichtszunahme von Stufe zu Stufe.

3. Die zusätzlich bei den Zwischenerhitzungen zuzuführende Wärmemenge, die der durch die Kühlluftbeimischung hervorgerufenen Abkühlung des Arbeitsgases (vgl. Abb. 24) entspricht.

4. Die Veränderung der pro 1 kg Arbeitsgas frei werdenden Expansionsarbeit infolge der Tatsache, daß der Expansionsverlauf unter dem Einfluß der Kühlwirkung auf das Arbeitsgas anders ist als bei ungekühlter Expansion, so daß die Expansionsendtemperatur tiefer liegt (vgl.Abb.24).

4.1 Mehraufwand zur Kühlluftverdichtung

Die Verdichtung der Kühlluft erfolgt am zweckmäßigsten durch den Verdichter der Anlage, so daß dieser außer der in die Brennkammer geförderten Luftmenge L_o auch noch die für alle Stufen der Turbine benötigte Kühlluft ΣL_{k_x} ansaugt.

Die Kühlluft braucht nur bis auf den Druck verdichtet zu werden, der an der betreffenden Austrittsstelle in der Turbine herrscht. Der Verdichter kann also an mehreren sich durch den Verdichtungsgrad unterscheidenden Stellen angezapft werden, und nur die Kühlluft für die erste Zwischenerhitzungs- bzw. Turbinenstufe wird bis auf den Enddruck verdichtet. Nimmt man eine solche Anzapfung des Verdichters entsprechend den Stufendrücken der Turbine vor, so hat man zwar den Mehraufwand an Verdichtungsarbeit zur Kühlluftverdichtung auf ein Minimum beschränkt, den konstruktiven Aufwand jedoch erhöht. Allerdings ist zu erwarten, daß der wirtschaftliche Vorteil der Anzapfung den konstruktiven Nachteil überkompensiert.

Der Mehraufwand an Verdichtungsarbeit zur Kühlluftverdichtung steigt etwas stärker als linear mit der prozentualen Kühlluftmenge k.

Die Summe der bei x Stufen zugeführten Kühlluft ist dabei:

$$\Sigma L_{k_x} = (L_o + B_o) \cdot \left[\left(1 + \frac{k}{100}\right)^x - 1\right] \tag{99}$$

Bei k = 4 %, was bereits als ein recht hoher Wert anzusehen ist, beträgt der Mehraufwand an Verdichtungsarbeit etwa 27 % bei einer Entnahmestelle, 20 % bei 2 und 15 % bei 6 Entnahmestellen für 6 Zwischenverbrennungsstufen. Bei k = 2 % verringern sich die Werte auf 12,5, 9,5 und 7 %.

4.2 Einfluß der Kühlluft auf die abgegebene Arbeit der Turbine infolge Erhöhung des Durchsatzgewichtes

Die von der Turbine abgegebene Expansionsarbeit wird durch die Kühlluft auf zwei Arten beeinflußt. Einmal nimmt bei konstantem Stufengefälle die pro Stufe abgegebene Arbeit nach dem Turbinenende hin zu, weil das

Durchsatzgewicht infolge der Kühlluftbeimengung wächst, zum anderen erfährt das Stufengefälle selbst eine Änderung durch den unter dem Einfluß der Kühlung veränderten Expansionsverlauf (s.Abschn.4.5).

Das Durchsatzgewicht nach der x-ten Stufe ist (vgl.Gl.99)

$$G_x = (L_o + B_o) \cdot \left(1 + \frac{k}{100}\right)^x \quad ; \qquad (100)$$

es steigt also etwas stärker als proportional mit x. Durch diese Vergrößerung des Durchsatzes wird ein Teil der für die Kühlluft aufgewendeten Verdichtungsarbeit bei der Expansion wiedergewonnen. Insgesamt bleibt jedoch ein Verlust bestehen, weil sowohl Verdichtung als auch Expansion der Kühlluft verlustbehaftet sind. Beträgt der Mehraufwand zur Kühlluftverdichtung z.B. bei k = 4 % bei 1, 2 und 6 Entnahmestellen 27, 20 und 15 % (vgl. Abschn.4.1), so nimmt die gesamte Turbinenarbeit infolge der Gewichtszunahme von Stufe zu Stufe nur um etwa 12 % zu. Bei k = 2 % beträgt die Zunahme etwa 5,5 % gegenüber 12,5, 9,5 und 7 % Mehraufwand an Verdichtungsarbeit.

4.3 Die zusätzliche Wärmezufuhr infolge Kühlung

Die Kühlluft entzieht dem Arbeitsgas Wärme, und zwar teils durch die Schaufelwandungen, teils bei der Mischung am Austritt aus der Schaufel (vgl. Abb.24). Es muß also die von der Kühlluft aufgenommene Wärme durch vermehrte Brennstoffzufuhr bei den Zwischenerhitzungen aufgebracht werden.

Daß diese vermehrte Wärmezufuhr ΔQ_{zw} bei den Zwischenerhitzungen sehr beträchtlich sein kann, zeigt Abbildung 26, in der die Temperaturen t_3, $t_4"$, t_4, $t_{zw}"$ und t_{zw} über dem prozentualen Kühlluftanteil k aufgetragen sind.

Die ungekühlte Expansion im Laufrad erfolgt von der Höchsttemperatur t_3 auf $t_4"$. Nach Vermischung des Arbeitsgases mit der Kühlluft hinter der Laufschaufel stellt sich die Temperatur t_4 ein. Entsprechendes gilt für die Expansion in den Leitschaufeln: die Endtemperatur ohne Kühlung ist $t_{zw}"$, mit Kühlung t_{zw}. (Vgl. hierzu Abb.24.) Der Rechnung für Abbildung 26 liegt ein Isex-Prozeß mit $t_3 = 900°C$, $\varphi_v = 4$, $x = 6$ und die Annahme $t_2 = 100°C$ für die - über die sechs Anzapfstellen gemittelte - Verdichtungstemperatur der Kühlluft zugrunde. Man erkennt, daß bei k = 0 % bei der Zwischenerhitzung eine Aufheizung von 840° auf 900°, bei k = 4 % dagegen bereits von 812° auf 900° zu erfolgen hat.

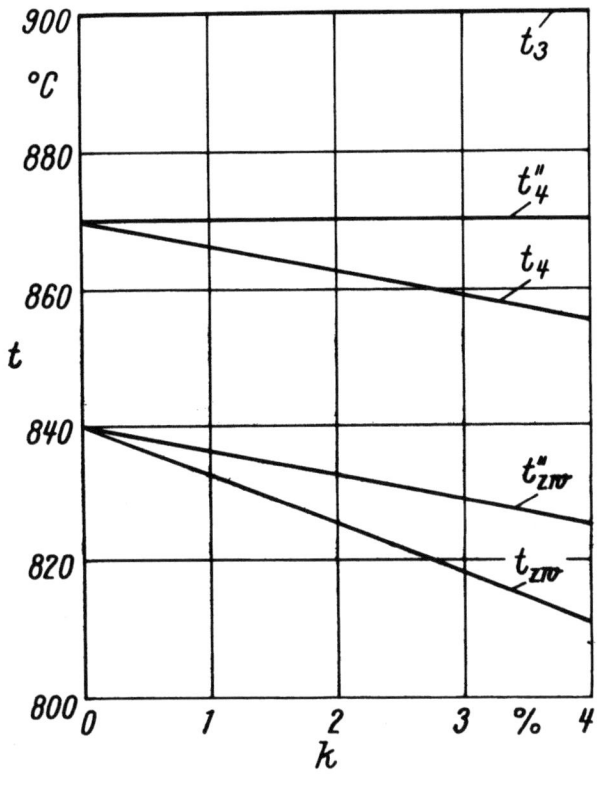

Abbildung 26

Temperaturen in der Turbine in Abhängigkeit vom prozentualen Kühlluftanteil

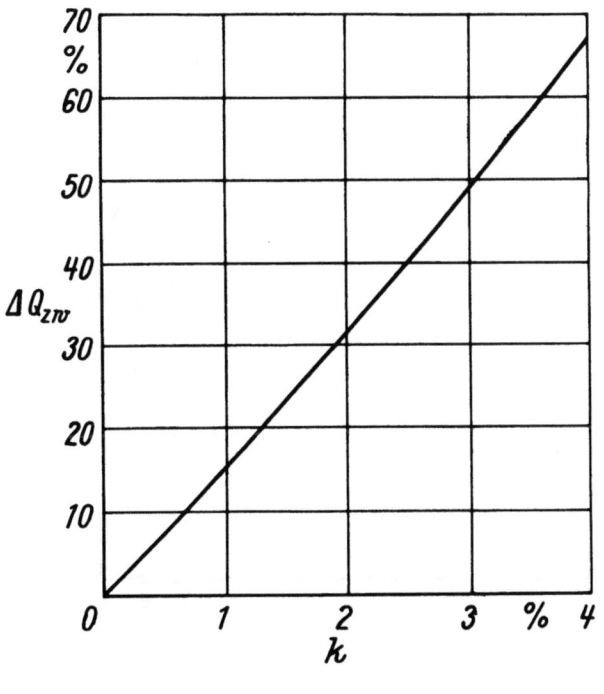

Abbildung 27

Vermehrte Wärmezufuhr während der Zwischenverbrennung infolge Kühlung

Abbildung 27 zeigt, wie außerordentlich stark ΔQ_{zw} mit k wächst. Die Zwischenüberhitzungswärme Q_{zw} bei k = 0 % ist gleich 100 % gesetzt. Bei vollständiger Regeneration (Δt = 0) ist die in der Brennkammer zugeführte Wärme Q_b = 0 und $Q_{zu} = Q_{zw}$ (vgl. Gl.33 bis 35). Das bedeutet, daß die Änderung der Zwischenüberhitzungswärme umgekehrt proportional in η_w eingeht. Bei kleinem Δt ist Q_{zw} ein Vielfaches von Q_b - so ist z.B. bei Δt = 100 grd $Q_{zw} \approx 4\ Q_b$ - , so daß auch hier der Einfluß von ΔQ_{zw} auf η_w außerordentlich stark bleibt. Aus diesem Grunde müssen die Kühlmengen unbedingt so klein wie möglich gehalten werden. Unter Umständen kann sogar ein Absenken der Höchsttemperatur t_3 zur Verringerung des Kühlluftbedarfes einen Gewinn bedeuten, sofern dadurch nicht die Stabilisierung der Zwischenverbrennung in Frage gestellt wird.

4.4 Einfluß des veränderten Expansionsverlaufs durch die Kühlung

Der Einfluß des infolge der Kühlung veränderten Expansionsverlaufes auf die Turbinenarbeit ist am besten im T,S-Diagramm zu verfolgen (Abb.28).

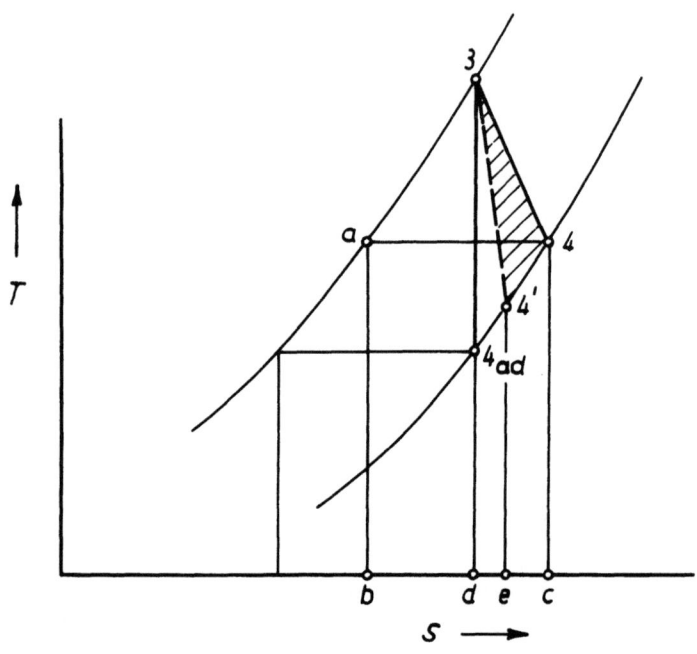

A b b i l d u n g 28

Veränderter Expansionsverlauf infolge Kühlung

In Abbildung 28 stellte die Zustandslinie 3-4 eine Polytrope dar, die durch die verlustlose Expansion mit Wärmezufuhr bewirkt wird. Bezeichnet man die zugeführte Wärmemenge mit $Q_{3\,4}$ entsprechend der Fläche 3-4-c-d-3, so beträgt die frei werdende technische Arbeit:

$$A = (i_3 - i_4) + Q_{3\,4} \quad . \tag{101}$$

Die Zustandslinie 3-4 kann jedoch auch die verlustbehaftete, also wirkliche Expansion ohne Wärmezufuhr vom Zustand 3 aus darstellen. Die im verlustlosen Fall zugeführte Wärme $Q_{3\,4}$ geht dann über in den nicht rückgewinnbaren Wärmewert der Verluste dieser Expansion. Die bei der wirklichen Expansion freiwerdende Arbeit ist also:

$$A_{wirkl} = i_3 - i_4 \quad . \tag{102}$$

Die der wirklichen Expansion mit Kühlung entsprechende Zustandslinie 3-4' kann wiederum ersetzt gedacht werden durch eine verlustlose Expansion mit der Wärmezufuhr $Q_{3\,4'}$, entsprechend der Fläche 3-4'-e-d-3. Gegenüber dem Fall der Expansion 3-4 wäre also weniger Wärme zugeführt worden. Diese weniger zugeführte Wärme, die durch die Fläche 3-4-c-e-4'-3 dargestellt ist, entspricht aber der bei der wirklichen Expansion mit Kühlung abgeführten Wärmemenge Q_k.

Vergleicht man die Differenz der Abgasenthalpien $\Delta i_{ab} = i_4 - i_4' \triangleq$ Fläche (4-c-e-4'-4) mit der im Kühlmittel abgeführten Wärmemenge $Q_k \triangleq$ Fläche (3-4-c-e-4'-3), so zeigt sich, daß im Kühlwasser eine um die Fläche (3-4-4'-3) größere Wärmemenge auf Kosten der freiwerdenden Expansionsarbeit abgeführt wurde. Die Expansionsarbeit wird also durch die Kühlung vermindert, und zwar um

$$\Delta A_{wirkl} = Q_k - \Delta i_{ab} \quad . \tag{103}$$

Eine zahlenmäßige Auswertung zeigt, daß bei den Stufenexpansionen der Isex-Anlage der Verlust ΔA_{wirkl} selbst dann nur in der Größenordnung von einigen zehntel Prozent der freiwerdenden Arbeit liegt, wenn die Expansionsendtemperatur 4' noch wesentlich unter 4_{ad} liegt. Der Verlust ΔA_{wirkl} kann daher vernachlässigt werden.

4.5 Der Einfluß der Kühlmenge auf den wirtschaftlichen Wirkungsgrad

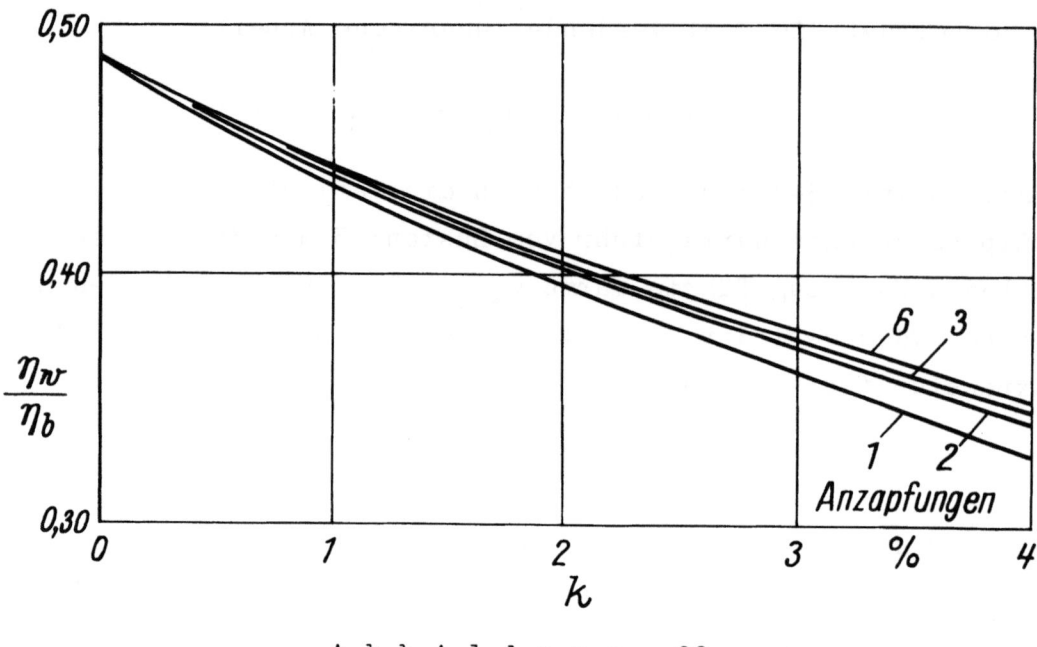

Abbildung 29

Einfluß des prozentualen Kühlluftanteils auf den wirtschaftlichen Wirkungsgrad einer Isex-Anlage mit ein- oder mehrmaliger Verdichteranzapfung

In Abbildung 29 ist zusammenfassend die Auswirkung der beschriebenen Einflußfaktoren der Kühlluft auf den wirtschaftlichen Wirkungsgrad einer Isex-Anlage dargestellt. Die Abbildung zeigt die Abhängigkeit des Wirkungsgrades vom prozentualen Kühlluftanteil k für eine 6-stufige Isex-Anlage mit $t_3 = 900°C$, $\vartheta_v = 4$, $\Delta t = 100$ grd und $\varphi = 1$. Es sei noch einmal betont, daß k nicht nur die reine Kühlluft - z.B. für die Laufschaufeln - enthält, sondern auch die für die zugeführte Brennstoffmenge gedachte Ersatzluft und die evtl. mit eingeführte Zusatzluft (vgl. Abschn.4). Als Parameter wurde die Zahl der Verdichteranzapfungen gewählt. Eine Anzapfstelle bedeutet, daß die Kühlluft erst hinter der letzten Verdichterstufe entnommen wird, zwei Anzapfstellen bedeuten Entnahme bei Höchstdruck und einem mittleren Teildruck und sechs Anzapfstellen Entnahme bei dem jeweiligen Druck der Zwischenerhitzungs- bzw. Turbinenstufen der Isex-Anlage.

Das Diagramm zeigt den erheblichen Wirkungsgradabfall mit wachsendem k, wobei sich der Einfluß der vermehrten Wärmezufuhr ΔQ_{zw} (s.Abschn.4.3) am stärksten auswirkt. Es wird ferner deutlich, daß durch häufige Anzapfung des Verdichters zur Ersparnis von Verdichtungsarbeit der Wirkungsgrad nicht mehr wesentlich verbessert werden kann. Vom Gesichtspunkt der durch mehrmalige Anzapfung erhöhten konstruktiven Aufwandes der Anlage sollte es daher genügen, den Verdichter nur an wenigen Stellen anzuzapfen. Besonders bei kleinen Kühlluftmengen erscheint eine Anzapfung bei mehreren Teildrücken unrentabel. Bei der Wahl der Höchsttemperatur T_3 und der Kühlluftmenge k müssen diese beiden Größen sorgfältig gegeneinander hinsichtlich ihrer Einflüsse auf η_w abgewogen werden. Ein geeignetes hochwarmfestes Schaufelmaterial kann eine Kühlung ganz überflüssig machen. Diese Frage geht auch in die zulässige Vorwärmung des Brennstoffes durch Abwärme und dadurch in Q_{zw} stark ein.

5. Zusammenfassung

Ausgehend vom verlustlosen Kreisprozeß werden der bekannte Doppeladiabatenprozeß mit seinen Abwandlungsmöglichkeiten, wie Regeneration und Wärmeabfuhr während der Verdichtung und Wärmezufuhr während der Expansion, beschrieben und die entsprechenden thermodynamischen Wirkungsgrade miteinander verglichen. Für den verlustlosen Prozeß mit angenäherter isothermer Expansion und Verdichtung in Form der stufenweisen Wärmezufuhr bzw. -abfuhr werden die Wirkungsgrade in Abhängigkeit vom Druckverhältnis und von der Anzahl der Zwischenerhitzungen bzw. -kühlungen abgeleitet. Darauf aufbauend führen die Betrachtungen unter Verwendung innerer Wirkungsgrade für die Verdichtung und Expansion zu einer umfassenden Beziehung für den wirtschaftlichen Wirkungsgrad des Isex-Prozesses.
Die darin auftretenden Einflußgrößen (Druckverhältnis, Höchsttemperatur, Zahl der Zwischenverbrennungen, Regenerationsgrad und Druckverluste) werden einzeln analysiert. Die Abhängigkeit des wirtschaftlichen Wirkungsgrades vom Druckverhältnis und von der Anzahl der Zwischenerhitzungen zeigt, daß für erhebliche Verbesserungen durch die Zwischenverbrennung bereits Stufenzahlen von vier bis sechs ausreichen.

Bei der praktischen Durchführung der Zwischenverbrennung in den gegenüber einer normalen Ausführung von Gasturbinen vergrößerten Spalten zwischen den Leit- und Laufradkränzen sind Zündung und Flammenstabilisierung von besonderer Bedeutung. In diesem Zusammenhang sind das Luftverhältnis des Arbeitsgases nach der Primärverbrennung und in den einzelnen Zwischenverbrennungsstufen wie auch die zuzuführenden Brennstoffmengen Gegenstand eingehender Betrachtungen. Bei der Mengenbilanz spielen neben dem jeder Stufe zugeführten Arbeitsgas und Brennstoff die zur Kühlung der nicht vom Brennstoff durchströmten Schaufeln erforderliche Kühlluftmenge und die eventuell zusammen mit dem Brennstoff zugeführte Zusatzluftmenge eine Rolle. Es ergibt sich, daß bei einem Isex-Prozeß auch nach der letzten Stufe im Arbeitsgas immer noch ein Vielfaches an Luft gegenüber dem Rauchgas vorhanden ist.

Da sich durch die Zuführung von Brennstoff, Zusatzluft und Kühlluft während der Zwischenverbrennung eine Mengenänderung des gesamten Arbeitsmediums ergibt und damit die Betrachtung des wirtschaftlichen Wirkungsgrades unter dem Gesichtspunkt des Kreisprozesses entfällt, wird der Einfluß der Schaufelkühlung auf den Wirkungsgrad untersucht. Danach fällt der wirtschaftliche Wirkungsgrad einer Isex-Anlage mit wachsendem Kühlluftgewicht stark ab, wobei sich der Einfluß der infolge der Kühlwirkung vermehrten Wärmezufuhr an das Arbeitsgas am stärksten auswirkt. Eine zwecks Ersparnis von Verdichtungsarbeit mehrmalig erfolgende Anzapfung des Verdichters für die Lieferung der Kühlluft hat keine wesentliche Verbesserung des Wirkungsgrades zur Folge.

Die Behandlung des Problems der Zwischenverbrennung in Gasturbinen bezieht sich auf die Benutzung des Verfahrens für stationäre Gasturbinenanlagen mit Abwärmeausnutzung. Ein anderer Anwendungsfall, bei dem die Energie des Gases hinter der Turbine zur Erzeugung von Nutzleistung ausgenutzt wird, ist das <u>Strahltriebwerk</u>. Die dabei auftretenden speziellen Probleme sollen in einem späteren Bericht erörtert werden.

6. Formelzeichen und Indices

Formelzeichen:

A	mkg/kg	Arbeit
B	kg/h	Brennstoffgewicht
B'	kg/h	scheinbares Brennstoffgewicht
c_p	$\dfrac{kcal}{kg\ grd}$	spezifische Wärme
G	kg/h	Arbeitsgasgewicht
$G_{L,min}$	$\dfrac{kg\ Luft}{kg\ Brst.}$	zur stöch. Verbrennung erforderliche Luftmenge
$H_{u,o}$	$\dfrac{kcal}{kg}$	unterer Heizwert, bezogen auf $0°C$
i	$\dfrac{kcal}{kg}$	Enthalpie
K	./.	Brennstoffkonstante
L	kg/h	Luftgewicht
L'	kg/h	scheinbares Luftgewicht
p	kg/m^2	Druck
Δp	kg/m^2	Druckverlust
γ	./.	Druckverhältnis
Q	kcal/kg	Wärmemenge
ΔQ_{zw}	kcal/kg	vermehrte Wärmezufuhr bei den Zwischenerhitzungen
q	./.	prozentuale Druckverluste
$\mathcal{R}$	$\dfrac{mkg}{kg\ grd}$	Gaskonstante
R	kg/h	Rauchgasgewicht
s	kcal/kg·grd	Entropie
t	°C	Temperatur
T	°K	absolute Temperatur
Δt	°C	Temperaturdifferenz im Wärmetauscher
δt	°C	Temperaturverlust
v	m^3/kg	spezif. Volumen
k	./.	prozentualer Kühlluftanteil

x	./.	Zahl der Zwischenerhitzungen
y	./.	Zahl der Zwischenkühlungen
α		Mischungsverhältnis
β		Kühlluftverhältnis
ε		bezogenes Brennstoffgewicht
$\varkappa$		Adiabatenexponent
λ		Luftverhältnis
λ'		scheinbares Luftverhältnis
φ		Druckverlustbeiwert

Wirkungsgrade (in der Reihenfolge ihres Vorkommens):

$\eta_{th\ ad}$	adiabater thermodynamischer Wirkungsgrad
η_{th}	thermodynamischer Wirkungsgrad
$\eta_{th\ is}$	isothermer thermodynamischer Wirkungsgrad
$\eta_{t\ is}$	isothermer Turbinen-Wirkungsgrad
$\eta_{v\ is}$	isothermer Kompressor-Wirkungsgrad
η_{th}	thermodynamischer Wirkungsgrad bei mehrfacher Zwischenkühlung und -erhitzung
$\eta_{t\ i}$	innerer Turbinen-Wirkungsgrad
$\eta_{v\ i}$	innerer Kompressor-Wirkungsgrad
η_w	wirtschaftlicher Wirkungsgrad
η_b	Verbrennungswirkungsgrad
η_v	Wirkungsgrad der gesamten mehrstufigen Verdichtung
η_{zw}	Wirkungsgrad der Zwischenkühlung
$\eta_{v\ m}$	mechanischer Wirkungsgrad des Verdichters
η_t	Turbinenwirkungsgrad, bezogen auf die Stufe
$\eta_{t\ m}$	mechanischer Wirkungsgrad der Turbine
η_{Reg}	Regenerationsbeiwert
η_R	Regenerator-Wirkungsgrad
$\eta_{La\ i}$	innerer Wirkungsgrad des Turbinenlaufrades
$\eta_{Le\ i}$	innerer Wirkungsgrad des Turbinenleitrades

Indices:

A	Arbeitsgas	mech	mechanisch
a	Ausdehnung	min	minimal
ad	adiabat	N	Nutz-
ab	abgeführt	n	Niederdruckseite
B	Brennstoff	R	Regeneration
b	Brennkammer	r	Rauchgas
e	Endpunkt der Expansion	st	bezogen auf die Stufe
h	Hochdruckseite	t	Turbine
id	ideal	v	Verdichter
is	isotherm	wirkl	wirklich
K	Kühlluft	x	Zwischenverbrennungsstufe
l	Luft	y	Zwischenkühlungsstufe
La	Laufrad	z	Zusatzluft
Le	Leitrad	zu	zugeführt
max	maximal	zw	Zwischenkühlung

7. Literaturverzeichnis

[1] MANGOLD, G.   Wirtschaftlicher Wirkungsgrad einer Brennkraftmaschine mit stufenförmiger Verbrennung
Z VDI 81 (1937) Nr. 17, S.489/93

[2] ders.   Gasturbine mit mehrfacher Stufenverdichtung und mehrfacher Stufenverbrennung
MTZ 19 (1958), S.23/25

[3] LEIST, K.   Arbeitsverfahren für Gasturbinen und Gasturbine zur Ausübung des Verfahrens
DBP 876 936

[4] ders.   Der wirtschaftliche Wirkungsgrad von Gasturbinen mit stufenweiser Zwischenverbrennung innerhalb der Turbine
BWK 12 (1960), S.521/30

Teil II (Versuche)

1. Allgemeine Überlegungen

Von entscheidender Bedeutung für die Durchführung der vorgeschlagenen mehrfachen Zwischenverbrennung im Innern des Turbinengehäuses, also zwischen den Stufen der Turbine, ist, wie erwähnt, die Stabilisierung der Flamme. Ein Verlöschen der Zwischenverbrennungsflamme ohne eine selbsttätig erfolgende Neuzündung würde zum Abbruch des Zwischenverbrennungsvorganges führen. Es wäre selbstverständlich der Einsatz von Dauerzündquellen möglich, wie z.B. Glühkerzen oder andere elektrisch beheizte Glühteile. Derartige Teile würden jedoch eine konstruktiv und betrieblich ins Gewicht fallende Komplikation, vor allem aber unangenehme Störstellen für die Durchströmung der Beschaufelung ergeben.

Es wurde daher zunächst angestrebt, bei gekühlten Schaufeln die Temperatur des Arbeitsgases, also auch die Zwischenerhitzungstemperatur, so hoch zu legen, daß bei geeigneter konstruktiver Ausbildung der Schaufeln die Zündung des Zusatzbrennstoffes von allein erfolgt und die Flamme der Zwischenverbrennung nicht durch Strömungseinflüsse zum Verlöschen gebracht werden kann. Von den Kühlmethoden für die Schaufeln, wie z.B. Wasser- oder Verdampfungskühlung, drängt sich hier die Hindurchführung des gasförmigen oder flüssigen Zusatzkraftstoffes durch die Schaufeln ins Turbineninnere auf. Außerdem kann auch, um die Kühlstoffmenge zu erhöhen, ein Gemisch von Zusatzluft und Brennstoff durch die Schaufeln hindurchgeführt werden, wobei es sich empfiehlt, ein nichtzündendes Gemisch zu benutzen, um eine Verbrennung innerhalb des Zuführungssystems zu vermeiden. Eine Kühlung der Schaufeln durch die Zusatzstoffe, worunter zusammenfassend der gasförmige oder flüssige Zusatzkraftstoff und die Zusatzluft zu verstehen sind, bietet gleichzeitig die vorteilhafte Möglichkeit, eine gleichmäßige Kühlung längs der Schaufelhöhe durch entsprechende Anordnung der Austrittsöffnungen an der Schaufelhinterkante zu erreichen.

Ob man auch die Laufschaufeln von Zusatzstoffen bzw. Kühlluft durchströmen läßt, hängt davon ab, ob eine Laufschaufelkühlung notwendig ist. Je nach Brennstoffart und -menge ist in manchen Fällen eine Einführung von Zusatzbrennstoff durch den Leitapparat und von Zusatzluft durch den Läufer hindurch empfehlenswert, in anderen umgekehrt. In jedem Fall müssen die zugeführten Mengen der verschiedenen Brenngemischteile so gegeneinander abgestimmt werden, daß jeweils die gewünschte Temperatur entsteht.

Es ist natürlich sehr wichtig, daß die Leit- bzw. Laufschaufeln, durch die die Zuführung vor sich geht, so ausgebildet werden, daß einerseits eine sichere Flammenstabilisierung gewährleistet ist und andererseits eine ausreichende Kühlwirkung erzielt wird. Um das zu erreichen, können die Schaufelhohlräume verschieden ausgeführt werden. Außerdem bieten Anzahl, Größe und Lage der Austrittsöffnungen für die Zusatzstoffe weitere Variationsmöglichkeiten.

Ob eine Flammenstabilisierung mit gleichzeitig ausreichender Kühlung der Schaufeln gelingt, und wie dabei die Arbeitsstofftemperaturen, die Gasgeschwindigkeiten, Zusatzbrennstoffmengen und sonstige Einzelheiten physikalischer und gestalterischer Art zu wählen und gegeneinander abzustimmen sind, ist der rechnerischen Behandlung nicht ausreichend zugänglich, so daß hierüber nur Versuche Aufklärung geben können. Es wurden daher am Institut des erstgenannten Verfassers[1] Untersuchungen über dieses Problem durchgeführt, deren Ergebnisse in verschiedener Form auf Leit- oder Laufschaufeln angewendet werden können.

2. Beschreibung der Versuchsanlage

Die Versuchsanlage ist schematisch in Abbildung 1 dargestellt. Die Primärluft wird von einem durch einen Gleichstrom-Nebenschlußmotor angetriebenen Verdichter mit V_{max} = 1950 m³/h bei n = 15000 U/min geliefert. Ihre Menge wird vor dem Eintritt in die Versuchsapparatur mit einem Drehkolbenzähler gemessen. Die Regelung der Luftmenge erfolgt hinter dem Zähler mittels Drosselklappe. Der Lufterhitzer, der bei einer Gasturbinenanlage dem Wärmetauscher entsprechen würde, ermöglicht durch gruppenweise Zuschaltung von 215 Heizspiralen mit einer Gesamtleistung von 120 kW eine regelbare Vorwärmung der Primärluft. In der an den Lufterhitzer anschließenden Brennkammer kann die vorgewärmte Primärluft durch Verbrennung von Stadtgas auf die gewünschte Endtemperatur erhitzt werden. Durch entsprechende Abstimmung der beiden Aufheizungsarten lassen sich bei gleichbleibender Endtemperatur verschiedene Luftverhältnisse λ_{GE} einstellen. Nach Austritt aus der Brennkammer wird die durch die Abgase aus der Primärverbrennung verunreinigte Luft durch eine Beruhigungs-

---

[1] Institut für Turbokraft- und -arbeitsmaschinen an der Techn. Hochschule Aachen

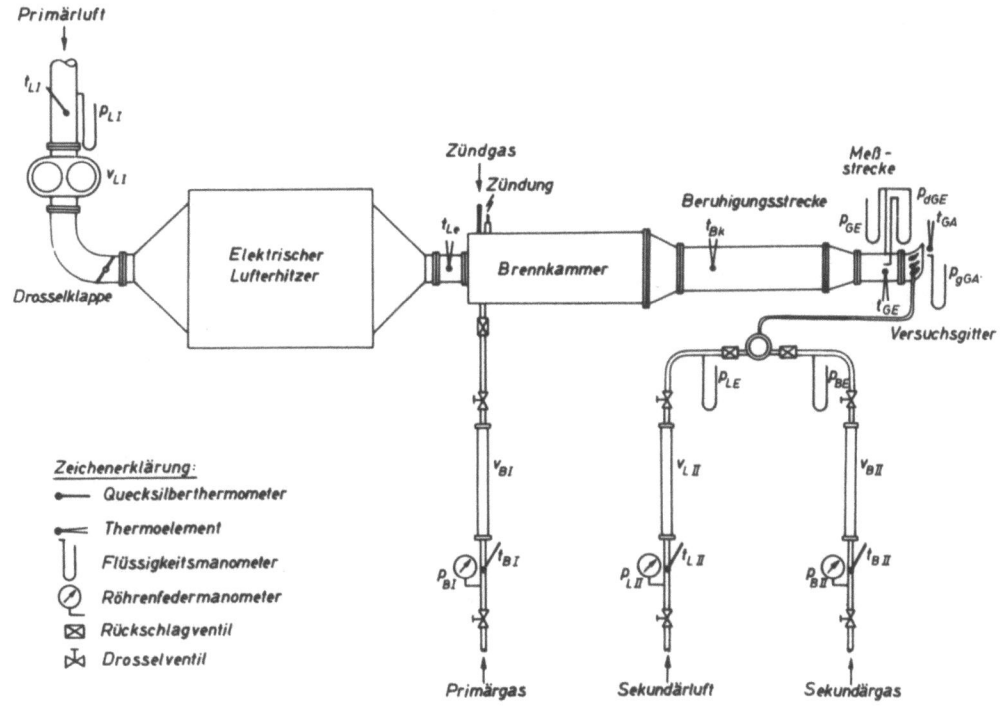

A b b i l d u n g   1

Schematische Darstellung der Versuchsanordnung

strecke von kleinerem Querschnitt und eine kurze Meßstrecke in das Versuchsgitter geleitet. In der Meßstrecke werden vor dem Gitter die Temperatur T_{GE} sowie die Geschwindigkeit c_{GE} gemessen. Die Versuchsapparatur, insbesondere die Beruhigungs- und Meßstrecke sind durch Asbestwicklung und Aluminiumfolie gut wärmeisoliert. Eine Ansicht des Versuchsstandes zeigt Abbildung 2.

Das für die Primär- und Sekundärverbrennung benötigte Stadtgas wird von einem zweistufigen Rotationskompressor (max. Enddruck 8 atü) verdichtet und in einem Druckgasfilter mit Vorabscheider gereinigt. Hinter einem zur Sicherung eingebauten Elektroventil zweigen die Primärgasleitung, eine Zündgasleistung und die Sekundärgasleitung ab. Das Primärgas wird über ein Regelventil und ein Durchflußmeßgerät der Brennkammer zugeführt. Ebenso werden das Sekundärgas wie auch die aus einem Druckluftleitungsnetz entnommene Sekundärluft in einem Durchflußmesser gemessen, ehe beide in eine Mischkammer eintreten, von der eine dünne Leitung in die Bodenplatte der Versuchsschaufel führt. Vom Regelstand aus können die Meßgeräte und mittels Spiegel die Primär- und Sekundärverbrennung überwacht werden.

A b b i l d u n g   2

Ansicht der Prüfstandsanlage

Da die Stufenverbrennung weitgehend von der Auslegung der Beschaufelung, wie Schaufelhöhe, Teilung, Schaufelzahl usw. und von den Betriebsdaten, wie Strömungsgeschwindigkeiten, den primären und sekundären Durchsatzmengen usw. abhängt, wurde für die Auslegung des Versuchsgitters eine mittlere - und zwar die vierte - Stufe einer thermodynamisch durchgerechneten 6stufigen Gasturbine mit Stufenverbrennung zugrunde gelegt. Abbildung 3 zeigt einen Beispielentwurf einer solchen Turbine, bei der die Sekundärgaszuführung und die Kühlung der Schaufeln in der Art vorgesehen ist, daß die Leitschaufeln durch vom Gehäuse aus zuströmendes Stadtgas und die Laufschaufeln von Sekundärluft durchströmt und gekühlt werden. Die Kühlluft für die Laufschaufeln der ersten und letzten Stufe wird durch die Scheiben, die Kühlluft der zweiten bis fünften Stufe durch die hohle Welle zugeführt. Die Luft kann dabei zur Ersparnis von Verdichterleistung an der jeweils passenden Zwischenstufe des Verdichters abgezapft werden. Konstruktiv ist diese Methode etwas aufwendiger als eine Entnahme hinter der letzten Stufe des Verdichters (vgl. hierzu Teil I, Abschn. 4.1).

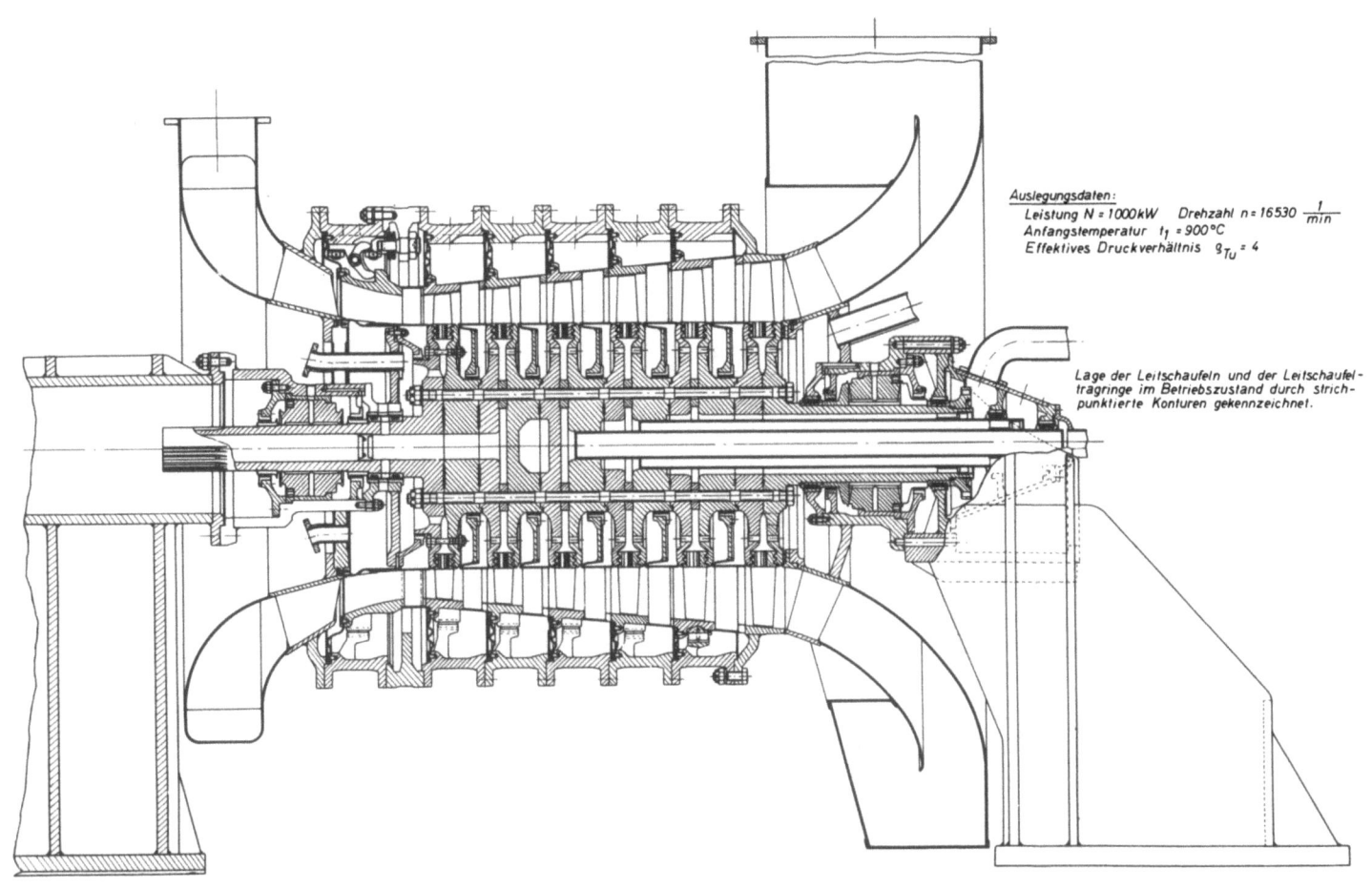

Abbildung 3

Entwurf einer sechsstufigen Isex-Turbine

Besonderer Wert wurde bei dem dargestellten Entwurf auf die Ermöglichung einer unterschiedlichen Dehnung von Läufer und Gehäuse gelegt, was in radialer Richtung durch einen Spalt von 0,3 mm zwischen Laufschaufeloberkante und Leitschaufeltragring und in axialer Richtung durch eine Befestigung der Leitschaufelkränze an Membranböden verwirklicht ist (vgl. [1] und [2]).

Die wichtigsten Daten dieser Turbine sind:

Leistung	N =	1 000 kW
Druckverhältnis	ϑ_v =	4
Höchsttemperatur	t_3 =	800 °C
Reaktionsgrad	r =	50 %
Turbinenwirkungsgrad bezogen auf die Stufe	η_t =	85 %

Temperaturdifferenz der Regeneration	$\Delta t =$	60 °C
Kühlluftmengenverhältnis	$\beta =$	5 %

Leitkranz der vierten Stufe:

mittl. Kanaldurchmesser	$D_m =$	250 mm
Kanalhöhe	$h =$	38,4 mm
Schaufelprofillänge	$l =$	31 mm
Teilungsverhältnis	$t/l =$	0,9
Schaufelteilung	$t =$	28 mm
Schaufelzahl	$z =$	28
Durchsatzgewicht des Arbeitsgases	$G =$	2,64 kg/s
Sekundärgasdurchsatz	$V_{Bg} =$	57,3 Nm³/h
Sekundärgasdurchsatz pro Schaufel	$V_{B\,II} =$	2,04 Nm³/h

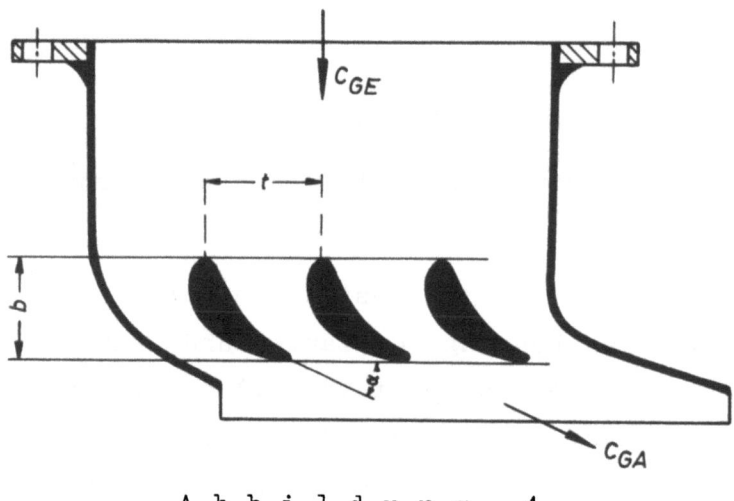

Abbildung 4

Untersuchte Gitteranordnung

Die Abmessungen des in Abbildung 4 dargestellten bei den Versuchen benutzten Gitters wurden wie folgt gewählt:

Schaufelhöhe	$h =$	38 mm
Schaufelprofillänge	$l =$	31 mm
Schaufelteilung	$t =$	28 mm
Teilungsverhältnis	$t/l =$	0,9
Gitterbreite	$b =$	25 mm
Austrittswinkel	$\alpha \approx$	25°

Abbildung 5

Versuchsgitter mit Mischkammer für Brenngas und
Zusatzluft

Das in Abbildung 5 dargestellte Versuchsgitter enthält zwischen zwei profilierten seitlichen Begrenzungsblechen drei aus Tinidurblech (mit 35 % Ni) hergestellte Hohlschaufeln, von denen die mittlere die mit Austrittsöffnungen für den Sekundärbrennstoff versehene Versuchsschaufel darstellt. Die obere Deckplatte des Gitters ist aus Quarzglas hergestellt, um die Zündungs- und Verbrennungsvorgänge im Innern des Gitters beobachten zu können. In der Abbildung sind außerdem die Meßsonden und im unteren Bildteil die Mischkammer für das Sekundärgas und die Zusatzluft zu erkennen.

3. Durchführung der Versuche und Ergebnisse

Die Versuche wurden vorwiegend im Bereich einer Gitterausströmgeschwindigkeit c_{GA} von 100 bis 300 m/s bzw. einer Gittereintrittsgeschwindigkeit c_{GE} von 50 bis 150 m/s und einer Temperatur vor dem Gitter t_{GE} von 700 bis 900°C durchgeführt. Damit wurden die in den einzelnen Stufen der in Betracht gezogenen Turbine vorkommenden Betriebsbereiche weitgehend erfaßt.

Wie bereits im Abschnitt 2 erwähnt, wurde bei den Versuchen als Brennstoff für die Zwischenverbrennung verdichtetes Stadtgas verwendet. Die aus der Versuchsschaufel austretende Sekundärgasmenge wurde auf $V_{B\ II} = 2\ Nm^3/h$ festgelegt. Dieser Wert entspricht der errechneten Sekundärgasmenge einer Leitschaufel der vierten Stufe der Vergleichsturbine bei einer gewählten Schaufelzahl von z = 28 Schaufeln pro Leitkranz. Durch die Wahl dieser relativ geringen Schaufelzahl ist die auf eine Schaufel entfallende Sekundärgasmenge groß. Bei der Ausführung einer Isexturbine wird eher eine größere Schaufelzahl in Frage kommen und damit die Sekundärgasmenge pro Schaufel kleiner werden. Dies dürfte eine Verbesserung der Zündung und Flammenausbildung zur Folge haben, wie sich bei Versuchen mit kleineren Sekundärgasmengen als 2 Nm^3/h gezeigt hat. Solange also die auf 1 mm Schaufelhöhe entfallende Sekundärgasmenge die bei den Versuchen angewandten Werte, d.h. den Wert 0,05 Nm^3 pro Stunde und mm Schaufelhöhe, nicht überschreitet, sind die Versuchsergebnisse voraussichtlich auch für andere Schaufelhöhen bzw. andere Sekundärgasmengen gültig.

Infolge der begrenzten Heizleistung des elektrischen Luftvorwärmers war bei den Versuchen die durch die Primärverbrennung verursachte Verseuchung der durch das Gitter strömenden Luft durchweg stärker als die Verunreinigung, die sich aus den zwischen $\lambda = 5$ und $\lambda = 30$ liegenden Luftverhältnissen des Arbeitsgases durchgerechneter Turbinenentwürfe ergibt. Dadurch wurden auch in dieser Beziehung den Versuchen Verhältnisse zugrunde gelegt, die ungünstiger sind, als sie einem wirklichen Betrieb entsprechen.

Zweck der Untersuchung verschiedener Schaufelausführungen war in erster Linie, bei möglichst niedrigen Temperaturen t_{GE} eine selbstzündende und kurze Flamme an den Schaufeln zu erhalten, die auch bei hohen Umströmungsgeschwindigkeiten und bei starker Verseuchung des Arbeitsgases stabil über die ganze Schaufelhöhe brennt, ohne daß Maßnahmen zur Stabilisierung der Flamme getroffen werden müssen, die zusätzliche Strömungsverluste verursachen.

Bei den Versuchen zur Ermittlung der Selbstzündgrenzen wurde die Temperatur des das Gitter umströmenden Arbeitsgases durch Regeln der Primärverbrennung allmählich über die Selbstzündungstemperatur des Stadtgases von ungefähr 560°C erhöht, bis das aus der Versuchsschaufel ausströmende Sekundärgas sich von selbst entzündete. Bei den meisten Schaufelausführungen entstand dann zunächst in einem gewissen Abstand hinter der Schaufel eine lange, kaum sichtbare schwebende Flamme, die bei weiterer Temperatursteigerung kürzer und leuchtender wurde. Wegen des nur allmählichen Sichtbarwerdens der ersten Flammenerscheinung wurde die Bestimmung des Einsetzens der Selbstzündung von den Beleuchtungsverhältnissen und dem subjektiven Urteil des Beobachters beeinflußt. Eine Verbrennung der beschriebenen Art zeigt Abbildung 6.

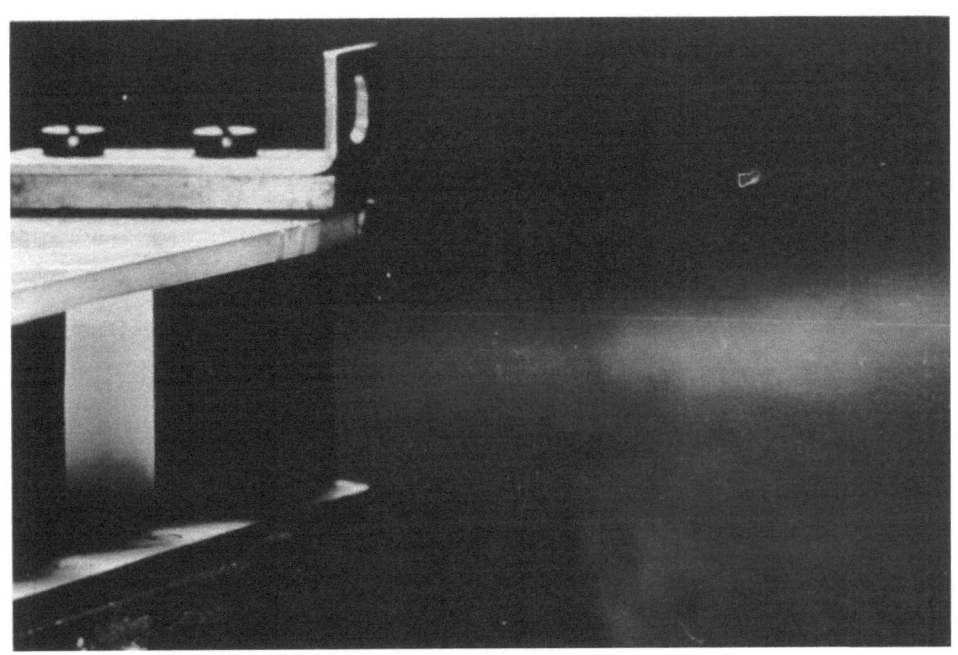

A b b i l d u n g   6

Schwebende Flamme nach Selbstzündung

(c_{GE} = 100 m/s, t_{GE} 850°C)

Da die Länge der schwebenden Flamme bei den untersuchten Schaufelausführungen durchweg mehrere Dezimeter betrug und bei Temperaturänderungen des umströmenden Arbeitsgases stark schwankte, erscheint eine Anwendung der Zwischenverbrennung in dieser Form in einer Turbine als wenig aussichtsreich. Die Verbrennung des Sekundärgases und damit die Aufheizung des Arbeitsgases würde sich durch die Laufschaufelkanäle hindurch bis in den nächsten Leitkranz oder noch weiter hinziehen, wodurch eine sichere Einhaltung des beabsichtigten Temperaturverlaufes in der Turbine unmöglich wird.

Bei weiterer Steigerung der Arbeitsgastemperatur t_{GE} nach erfolgter Selbstzündung des Sekundärgases wurde, wie bereits erwähnt, die schwebende Flamme immer kürzer und leuchtender. Schließlich sprang sie an die Schaufel heran und brannte dann hauptsächlich im Ablösungsgebiet am Schaufelende. Diese meist plötzlich erfolgende Flammenbildung an der Schaufel soll im folgenden mit "Stabilitätsgrenze" bezeichnet werden, weil die so entstandene Flamme durch keinerlei Störungen wie Anblasen oder Ablenken der Strömung mittels mechanischer Hindernisse zum Abreißen oder gar zum Verlöschen zu bringen war. Bei mehreren Schaufelausführungen konnte die Arbeitsgastemperatur sogar wieder stark gesenkt werden, ohne daß die Flamme dadurch von selbst erlosch. Sie war dann allerdings nicht mehr stabil, sondern konnte durch Störungen zum Verlöschen gebracht werden.

Die an der Schaufel brennende Flamme war im allgemeinen kurz und mehr oder weniger gleichmäßig über die ganze Schaufelhöhe verteilt. Wegen der Wichtigkeit des Zustandekommens dieser Flammenausbildung bei der Stufenverbrennung in einer Isexturbine wurde bei der Durchführung der Versuche besonderer Wert auf die Bestimmung der oben definierten Stabilitätsgrenze gelegt.

Die Versuche wurden mit einer möglichst einfachen Schaufelausführung begonnen. In der Austrittskante dieser aus Blech gebogenen hohlen Versuchsschaufel befanden sich 8 Bohrungen von 0,8 mm Durchmesser mit einem Gesamtaustrittsquerschnitt von etwa 4 mm^2. Dieser Querschnitt ergab bei einem Sekundärgasdurchsatz von $V_{B\,II} = 2$ Nm^3/h und einer angenommenen Arbeitsgastemperatur von $t_{GE} = 800°C$ eine Sekundärgas-Austrittsgeschwindigkeit von $c_{B\,II} \approx 400$ m/s.

Fremdzündversuche, die mit Kaltluft und dann mit elektrisch vorgewärmter Primärluft vorgenommen wurden, führten, wie aus Abbildung 7 ersichtlich, nur bei ganz kleinen Umströmungsgeschwindigkeiten zu einer Flammenbildung, die zudem noch durch geringe Störungen der Umströmung wie z.B. kleine Geschwindigkeitserhöhungen oder Einschalten der Primärverbrennung zum Verlöschen gebracht werden konnte. Daraus ist zu folgern, daß eine Isexturbine vermutlich nicht auf diese Weise angefahren werden kann, sondern - wie bei einer normalen Gasturbine - zum Anfahren eine Primärverbrennung mit entsprechend hohen Temperaturen t_{GE} notwendig ist.

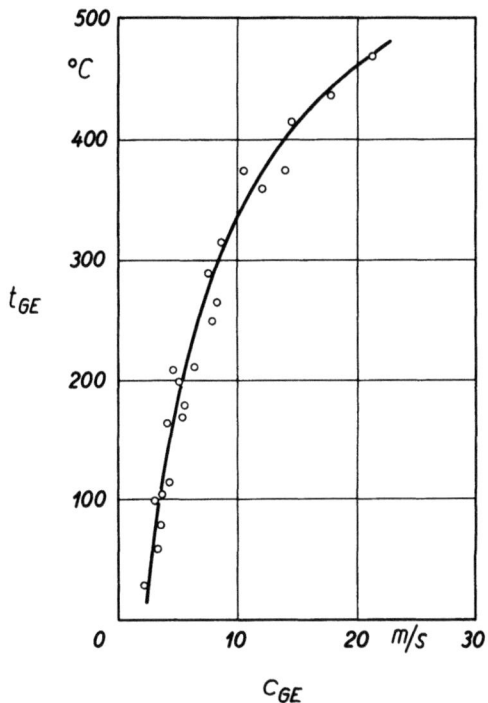

Abbildung 7

Fremdzündgrenze einer Versuchsschaufel bei kleinen Temperaturen
des Arbeitsgases

Die nächste Versuchsserie mit der gleichen Schaufel wurde daher mit
Primärverbrennung und elektrischer Vorwärmung der Primärluft in einem
höheren Temperaturbereich durchgeführt, um die Zündgrenzen einer selbst-
zündenden Flamme festzustellen. Die Messungen wurden dabei nicht beim
ersten erkennbaren Anzeichen einer Verbrennungserscheinung, sondern erst
bei deutlich sichtbarer schwebender Flamme vorgenommen, so daß die in
Abbildung 8 eingezeichnete Selbstzündgrenze eine etwas höhere Temperatur
kennzeichnet als es der ersten Flammenerscheinung entspricht. In Abbildung 8 ist außerdem die bereits in Abbildung 7 dargestellte Fremdzündgrenze aufgenommen worden. Der Verlauf der mit der erwähnten Schaufel
erhaltenen Stabilitätsgrenze. die ebenfalls in Abbildung 8 eingetragen
ist, zeigt, daß bei höheren Geschwindigkeiten c_{GE} die Temperaturen, bei
denen die Flamme an die Schaufel springt, von 850 bis 950°C wachsen.
Abbildung 9 zeigt das Bild der stabilen Flamme an der Versuchsschaufel.
Die Länge der stabilen Flamme war mit ca. 15 cm noch etwas größer, als
es für eine Verwendung in der Turbine günstig erscheint. Auch wurde das
Schaufelblech örtlich thermisch hoch beansprucht, da sich an der Stelle
des Schaufelrückens, von der die Flamme ausging, das Schaufelmaterial
fast bis auf Weißglut erhitzte. Die Versuche zeigten jedoch, daß die
mittlere Schaufel außer an dieser Stelle durch den Gasdurchfluß erheblich
kühler ist als die ungekühlten Nachbarschaufeln.

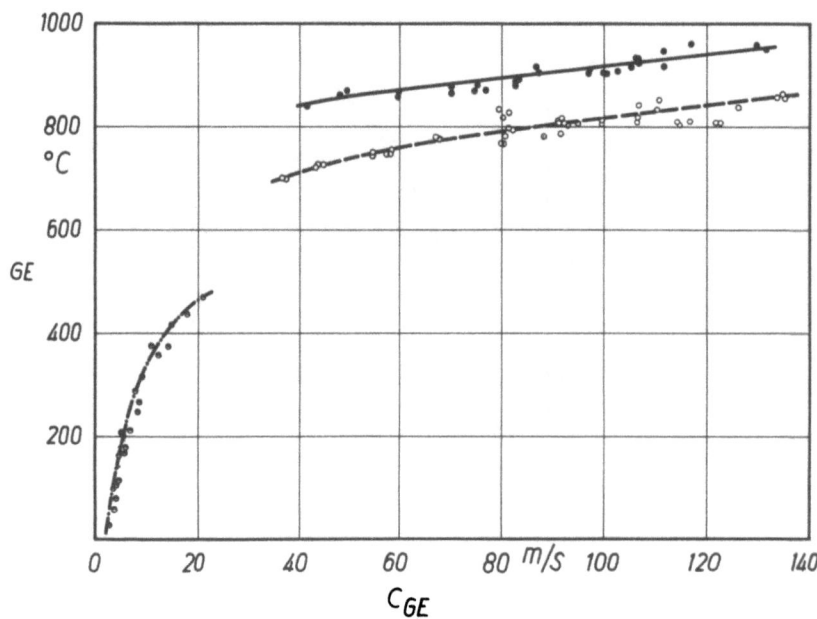

Abbildung 8

Selbstzünd- und Stabilitätsgrenze der gleichen Schaufel
wie in Abbildung 7

—·—· Zündgrenze bei Fremdzündung und $\lambda = \infty$ (Labile Flamme an Schaufel)

— — — Selbstzündgrenze bei $\lambda = 3-5$ (Schwebende Flamme hinter Schaufel)

——— Stabile Flamme an Schaufel bei $\lambda = 2-3$

Abbildung 9

Stabile Flamme an der gleichen Schaufel wie in Abbildungen 7 und 8
($c_{GE} = 120$ m/s, $t_{GE} = 895°C$)

Anschließend wurde eine große Zahl weiterer Schaufelkonstruktionen untersucht, die sich bei gleichen Außenprofilen teilweise durch andere Anordnung und Zahl der Gasaustrittsöffnungen, teilweise aber auch durch eine etwas kompliziertere Gesamtgestaltung der Schaufel sowie durch Einbauten u.ä. von der ersterwähnten Schaufel unterschieden. Eine ins einzelne gehende Schilderung der Untersuchungen und Ausführungsformen würde hier zu weit führen und soll einem späteren Bericht überlassen bleiben. Lediglich soll in Abbildung 10 die Stabilitäts- und die Selbstzündgrenze einer besonderen Schaufelausführung gezeigt werden, bei der ein Keramikkeil

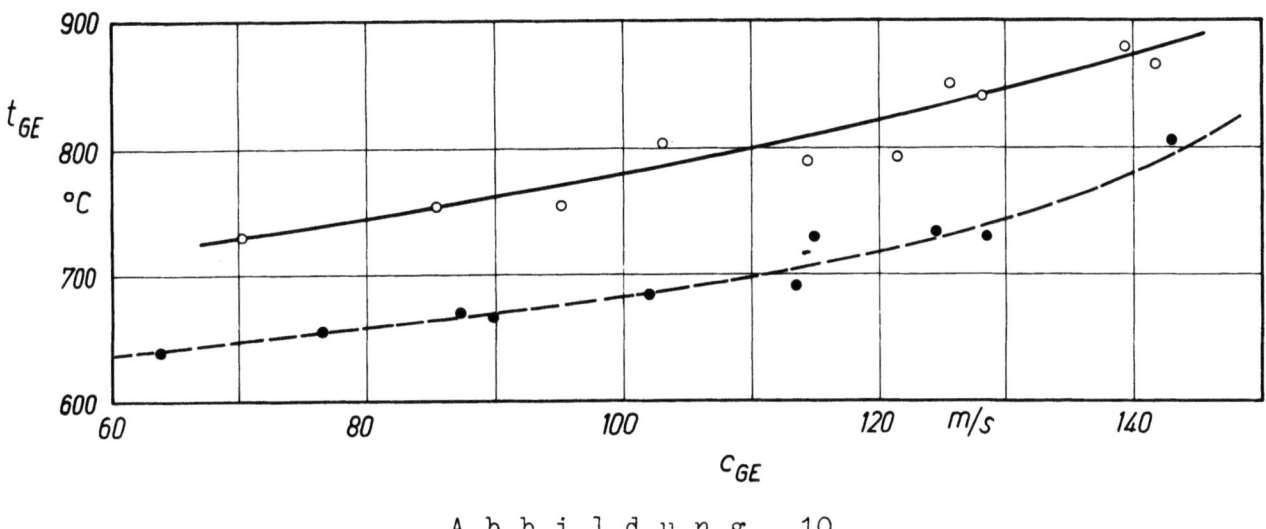

Abbildung 10

Selbstzünd- und Stabilitätsgrenze einer Schaufel mit Keramikeinlage

den hinteren Teil des Schaufelrückens ersetzte, und das Sekundärgas aus einem Spalt am Schaufelrücken sowie aus einem Spalt an der Schaufelhinterkante ausströmte. Die Stabilitätsgrenze lag zwischen 730 und 870°C bei $c_{GE\ max} \sim 140$ m/s. Diese Schaufel lieferte auch bezüglich der übrigen genannten Nachteile der erst erwähnten Schaufel mit beispielsweise einer Flammenlänge von 4 bis 6 cm erheblich günstigere Ergebnisse. Abbildung 11 zeigt eine Fotografie des entsprechenden Gitters im Betrieb, in der der hellglühende Einsatzkeil mit einer Flammenbildung über die ganze Schaufelhöhe gut zu erkennen ist.

Durch weitere Hilfsmittel, die allerdings stärkere Komplikationen der Schaufelgestaltung bedingten, ließ sich schließlich, wie Abbildung 12 zeigt, die Stabilitätsgrenze auf einen Bereich zwischen 600 und 770°C

Abbildung 11

Stabile Flamme an der Schaufel nach Abbildung 10

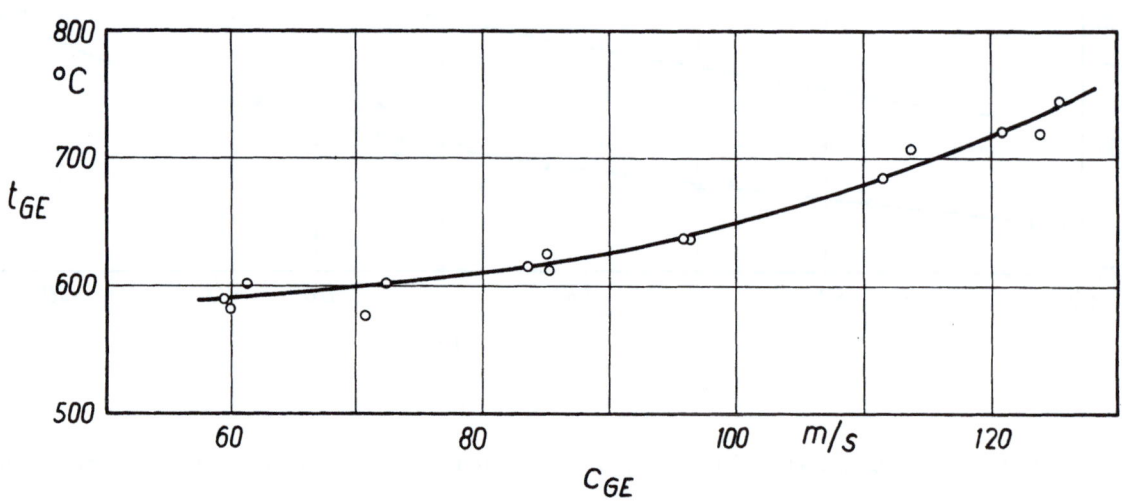

Abbildung 12

Günstigstes erzieltes Ergebnis hinsichtlich Selbstzündung- und Stabilitätsgrenze einer komplizierten Schaufelausführung

herabdrücken. Jedoch wird es vermutlich auch im praktischen Betrieb nicht notwendig sein, derartige Komplikationen in Kauf zu nehmen, da bereits bei Selbstzünd- und Stabilitätsgrenzen gemäß Abbildung 8 und 10 durch die Kühlung der Schaufeln Betriebssicherheit und Lebensdauer bei gewissenhafter Ausführung der Turbinenkonstruktion in ausreichendem Maße garantiert sein dürften.

Eine weitere Versuchsreihe mit der zuerst beschriebenen Versuchsschaufel und einem hinter dem Gitter frei umlaufenden Turbinenrad sollte zeigen, inwieweit die Sekundärverbrennung durch das Laufrad beeinflußt wird. Diese - allerdings nur generelle - Untersuchung hatte das Ergebnis, daß die Stabilitätsgrenztemperaturen um ca. 100° tiefer lagen als ohne Laufrad.

Versuche mit vorgewärmtem Sekundärgas zeigten bei einer anderen Schaufelausführung, daß sich beispielsweise bei einer Sekundärgastemperatur von 350°C eine leichte Verbesserung der Flammenausbildung bei gleichzeitig verstärktem Glühen der Flammenansatzstelle einstellte, jedoch eine Verschiebung der Stabilitätsgrenzen nicht eintrat.

4. Zusammenfassung

Es wurden zunächst Grundlagenversuche durchgeführt, die Aufschluß gaben über die Durchführbarkeit einer Nachverbrennung von Stadtgas hinter Gasturbinenschaufeln an einer eigens für derartige Untersuchungen entwickelten Versuchsanlage, deren Aufbau im einzelnen beschrieben ist. In weiteren Versuchsreihen mit verschiedenartig ausgebildeten Schaufeln wurden deren Selbstzünd- und Stabilitätsgrenzen in Abhängigkeit von der Gitteranströmgeschwindigkeit und der Temperatur des Arbeitsgases ermittelt. Die Ergebnisse lassen vermuten, daß sich eine Schaufelausführung finden läßt, die die bei Dauerbetrieb in einer Gasturbine mit Stufenverbrennung auftretenden Anforderungen erfüllen wird. Weiterhin wurde untersucht, inwieweit die Sekundärverbrennung durch eine Vorwärmung des Sekundärgases und ein hinter dem Versuchsgitter rotierendes Laufrad beeinflußt wird.

Die Untersuchungen bezweckten in erster Linie ein Erkennen der Phänomene. Eine Deutung kann erst nach weiteren eingehenden Versuchen erfolgen.

                                                Prof. Dr.-Ing. Karl Leist †
                                                Dipl.-Ing. Dieter Stojek
                                                Dipl.-Ing. Manfred Pötke

5. Literaturverzeichnis

[1] SULLIGA, J.   Konstruktion einer Isex-Gasturbine mit sechsfacher Zwischenerhitzung
                                       Dipl.-Arbeit T.H.Aachen (Fak.IIIa), 1956

[2] ROTH, H.M.   Entwurf einer Gasturbinenanlage mit hoher Abwärmeausnutzung
                                       Dipl.-Arbeit T.H.Aachen (Fak.IIIa), 1956

FORSCHUNGSBERICHTE DES LANDES NORDRHEIN-WESTFALEN

Herausgegeben durch das Kultusministerium

MASCHINENBAU

HEFT 45
Losenhausenwerk Düsseldorfer Maschinenbau AG., Düsseldorf
Untersuchungen von störenden Einflüssen auf die Lastgrenzenanzeige von Dauerschwingprüfmaschinen
1953, 36 Seiten, 11 Abb., 3 Tabellen, DM 7,25

HEFT 77
Meteor Apparatebau Paul Schmeck GmbH., Siegen
Entwicklung von Leuchtstoffröhren hoher Leistung
1954, 46 Seiten, 12 Abb., 2 Tabellen, DM 9,15

HEFT 100
Prof. Dr.-Ing. H. Opitz, Aachen
Untersuchungen von elektrischen Antrieben, Steuerungen und Regelungen an Werkzeugmaschinen
1955, 166 Seiten, 71 Abb., 3 Tabellen, DM 31,30

HEFT 136
Dipl.-Phys. P. Pilz, Remscheid
Über spezielle Probleme der Zerkleinerungstechnik von Weichstoffen
1955, 58 Seiten, 19 Abb., 2 Tabellen, DM 11,50

HEFT 147
Dr.-Ing. W. Rudisch, Unna
Untersuchung einer drehelastischen Elektromagnet-Synchronkupplung
1955, 82 Seiten, 65 Abb., DM 17,70

HEFT 183
Dr. W. Bornheim, Köln
Entwicklungsarbeiten an Flaschen-' und Ampullen-Behandlungsmaschinen für die pharmazeutische Industrie
1956, 48 Seiten, 24 Abb., DM 11,70

HEFT 212
Dipl.-Ing. H. Spodig, Selm
Untersuchung zur Anwendung der Dauermagnete in der Technik
1955, 44 Seiten, 25 Abb., DM 9,80

HEFT 295
Prof. Dr.-Ing. H. Opitz und Dipl.-Ing. H. Axer, Aachen
Untersuchung und Weiterentwicklung neuartiger elektrischer Bearbeitungsverfahren
1956, 42 Seiten, 27 Abb., DM 10,30

HEFT 298
Prof. Dr.-Ing. E. Oehler, Aachen
Untersuchung von kritischen Drehzahlen, die durch Kreiselmomente verursacht werden
1956, 50 Seiten, 35 Abb., DM 13,15

HEFT 384
Prof. Dr.-Ing. H. Opitz, Aachen
Schwingungsuntersuchungen an Werkzeugmaschinen
1958, 66 Seiten, 73 Abb., DM 20,40

HEFT 412
Prof. Dr.-Ing. H. Opitz, Aachen
Kennwerte und Leistungsbedarf für Werkzeugmaschinengetriebe
1958, 72 Seiten, 35 Abb., DM 17,20

HEFT 506
Prof. Dr.-Ing. W. Meyer zur Capellen, Aachen
Der Flächeninhalt von Koppelkurven. Ein Beitrag zu ihrem Formenwandel
1958, 74 Seiten, 26 Abb., DM 21,50

HEFT 533
Prof. Dr.-Ing. H. Opitz und Dipl.-Ing. W. Hölken, Aachen
Untersuchung von Ratterschwingungen an Drehbänken
1958, 70 Seiten, 44 Abb., 2 Tabellen, DM 19,70

HEFT 606
Oberbaurat Prof. Dr.-Ing. W. Meyer zur Capellen, Aachen
Eine Getriebegruppe mit stationärem Geschwindigkeitsverlauf
1958, 34 Seiten, 21 Abb., DM 10,50

HEFT 631
Dr. E. Wedekind, Krefeld
Der Einfluß der Automatisierung auf die Struktur der Maschinen- und Arbeiterzeiten am mehrstelligen Arbeitsplatz in der Textilindustrie
1958, 72 Seiten, 32 Abb., 8 Tabellen, DM 21,10

HEFT 667
Prof. Dr.-Ing. H. Opitz und Dipl.-Ing. H. de Jong, Aachen
Schwingungs- und Geräuschuntersuchung an ortsfesten Getrieben
1959, 32 Seiten, 28 Abb., 2 Tabellen, DM 10,30

HEFT 668
Prof. Dr.-Ing. H. Opitz, Dipl.-Ing. G. Ostermann und Dipl.-Ing. M. Gappisch, Aachen
Beobachtungen über den Verschleiß an Hartmetallwerkzeugen
1958, 38 Seiten, 26 Abb., DM 12,—

HEFT 669
Prof. Dr.-Ing. H. Opitz, Dipl.-Ing. H. Uhrmeister und Dipl.-Ing. K. Jüstel, Aachen
Aufbau und Wirkungsweise einer Magnetbandsteuerung
1958, 50 Seiten, 39 Abb., DM 15,—

HEFT 670
Prof. Dr.-Ing. H. Opitz und Dipl.-Ing. W. Backé, Aachen
Untersuchung von Kopiersteuerungen
1959, 70 Seiten, 54 Abb., DM 18,80

HEFT 671
Prof. Dr.-Ing. H. Opitz, Dr.-Ing. R. Piekenbrink und Dipl.-Ing. K. Honrath, Aachen
Untersuchungen an Werkzeugmaschinenelementen
1959, 70 Seiten, 71 Abb., DM 20,—

HEFT 672
Prof. Dr.-Ing. H. Opitz, Dipl.-Ing. H. Heiermann und Dipl.-Ing. B. Rupprecht, Aachen
Untersuchungen beim Innenrundschleifen
1959, 34 Seiten, 50 Abb., DM 11,50

HEFT 673
Prof. Dr.-Ing. H. Opitz, Dr.-Ing. H. Obrig und Dipl.-Ing. K. Ganser, Aachen
Die Bearbeitung von Werkzeugstoffen durch funkenerosives Senken
1959, 60 Seiten, 41 Abb., 1 Tabelle, DM 18,—

HEFT 676
Prof. Dr.-Ing. W. Meyer zur Capellen, Aachen
Harmonische Analyse bei Kurbeltrieben.
I. Allgemeine Zusammenhänge
1959, 38 Seiten. 10 Abb., DM 11,50

HEFT 695
Dr.-Ing. W. Herding, München
Die Fahrdynamik und das Arbeitsspiel gleisloser Erdbaugeräte als Kalkulationsgrundlage für die Bodenförderung und ihre Kosten
1960, 178 Seiten, 89 Abb., 18 Tabellen, DM 49,—

HEFT 718
Prof. Dr.-Ing. W. Meyer zur Capellen, Aachen
Die geschränkte Kurbelschleife
I. Die Bewegungsverhältnisse
1959, 110 Seiten, 54 Abb., DM 29,20

HEFT 764
Prof. Dr.-Ing. H. Opitz, Dr.-Ing. H. Siebel und Dipl.-Ing. R. Fleck, Aachen
Keramische Schneidstoffe
1959, 30 Seiten, 18 Abb., DM 9,80

HEFT 772
Prof. Dr.-Ing. W. Meyer zur Capellen
Nomogramme zur geneigten Sinuslinie
1959, 28 Seiten, 11 Abb., DM 8,50

HEFT 775
Prof. Dr.-Ing. H. Opitz
Automatische Erfassung der Maßabweichung der Werkstücke zum Zweck der selbständigen Korrektur der Maschine
1959, 38 Seiten, 27 Abb., DM 11,40

HEFT 777
Prof. Dr.-Ing. H. Opitz und Dipl.-Ing. P.-H. Brammertz, Aachen
Werkstückgüte und Fertigkeitskosten beim Innen-Feindrehen und Außenrund-Einsteckschleifen
1959, 92 Seiten, 68 Abb., DM 25,30

HEFT 788
Prof. Dr.-Ing. Herwart Opitz, Aachen
Der Einsatz radioaktiver Isotope bei Zerspannungsuntersuchungen
1959, 36 Seiten, 23 Abb., DM 11,30

HEFT 794
Dipl.-Ing. Reinhard Wilken, Düsseldorf
Das Biegen von Innenborden mit Stempeln
1959, 82 Seiten, DM 22,40

HEFT 801
Baurat Dipl.-Ing. Gesell, Duisburg
Ersatz von Quarzsand als Strahlmittel
1960, 66 Seiten, 12 Abb., 4 Tabellen, 17 Diagramme, DM 18,90

HEFT 803
Prof. Dr.-Ing. W. Meyer zur Capellen und Dipl.-Ing. E. Lenk, Aachen
Harmonische Analyse bei Kurbeltrieben. Teil II: Gleichschenklige Getriebe
1960, 69 Seiten, 15 Abb., DM 18,40

HEFT 804
Prof. Dr.-Ing. W. Meyer zur Capellen und Dipl.-Ing. W. Rath, Aachen
Die geschränkte Kurbelschleife. Teil II: Die Harmonische Analyse
1960, 66 Seiten. 14 Abb., DM 18,90

HEFT 806
Prof. Dr.-Ing. H. Opitz u. a., Aachen
Untersuchungen von Zahnradgetrieben und Zahnradbearbeitungsmaschinen
1960, 95 Seiten, 81 Abb., DM 29,30

HEFT 809
Prof. Dr.-Ing. H. Opitz und Dipl.-Ing. H. H. Herold, Aachen
Untersuchung von elektro-mechanischen Schaltelementen
1960, 35 Seiten, 16 Abb., DM 11,—

HEFT 810
Prof. Dr.-Ing. H. Opitz und Dr.-Ing. N. Maas, Aachen
Das dynamische Verhalten von Lastschaltgetrieben
1960, 97 Seiten, 77 Abb., DM 29,50

HEFT 811
Prof. Dr.-Ing. H. Opitz und Dipl.-Ing. H. Bürklin, Aachen
Fa. Schoppe & Faeser, Minden, bearbeitet im Auftrage des Forschungsinstitutes für Rationalisierung in Aachen
Über Weggeber für automatisch gesteuerte Arbeitsmaschinen

HEFT 820
Prof. Dr.-Ing. H. Opitz, Dipl.-Ing. H. Rohde und Dipl.-Ing. W. König, Aachen
Untersuchungen der Spanformung durch Spanbrecher beim Drehen mit Hartmetallwerkzeugen
1960, 35 Seiten, 16 Abb., DM 15,80

HEFT 830
Prof. Dr.-Ing. H. Opitz und Dipl.-Ing. W. Backé, Aachen
Automatisierung des Arbeitsablaufes in der spanabhebenden Fertigung

HEFT 831
Prof. Dr.-Ing. H. Opitz, Dr.-Ing. H.-G. Rohs und Dr.-Ing. G. Stute, Aachen
Statistische Untersuchungen über die Ausnutzung von Werkzeugmaschinen in der Einzel- und Massenfertigung
1960, 38 Seiten, 32 Abb., DM 13,—

HEFT 864
Prof. Dr.-Ing. H. Opitz, Aachen
Funkenarbeit und Bearbeitungsergebnis bei der funkenerosiven Bearbeitung
1960, 44 Seiten. 19 Abb., DM 13,10

HEFT 873
*Prof. Dr.-Ing. W. Meyer zur Capellen und
Dipl.-Ing. W. Rath, Aachen*
Kinematik der sphärischen Schubkurbel
1960, 38 Seiten, 13 Abb., DM 11,20

HEFT 887
Baurat Dipl.-Ing. W. Gesell, Duisburg
Arbeiten mit Preß-Formmaschinen unter Normal-Bedingungen und bei hohen spezifischen Preßdrucken

HEFT 898
Prof. Dr.-Ing. H. Opitz und H. de Jong, Aachen
Untersuchung von Zahnradgetrieben und Zahnradbearbeitungsmaschinen in Zusammenarbeit mit der Industrie

HEFT 900
Prof. Dr.-Ing. H. Opitz und Dr.-Ing. J. Bielefeld, Aachen
Automatisierung der Werkzeugmaschine für die spanabhebende Bearbeitung

HEFT 901
*Prof. Dr.-Ing. H. Opitz, Dr.-Ing. J. Bielefeld und
Dipl.-Ing. W. Kalkert, Aachen*
Lebensdauerprüfung von Zahnradgetrieben

Ein Gesamtverzeichnis der Forschungsberichte, die folgende Gebiete umfassen, kann bei Bedarf vom Verlag angefordert werden:

Acetylen / Schweißtechnik – Arbeitspsychologie und -wissenschaft – Bau / Steine / Erden – Bergbau – Biologie – Chemie – Eisenverarbeitende Industrie – Elektrotechnik / Optik – Fahrzeugbau / Gasmotoren – Farbe / Papier / Photographie – Fertigung – Gaswirtschaft – Hüttenwesen / Werkstoffkunde – Luftfahrt / Flugwissenschaften – Maschinenbau – Medizin – Pharmakologie / Physiologie – NE-Metalle – Physik – Schall / Ultraschall – Schiffahrt – Textiltechnik / Faserforschung / Wäschereiforschung – Turbinen – Verkehr – Wirtschaftswissenschaften.

If you have any concerns about our products,
you can contact us on
ProductSafety@springernature.com

In case Publisher is established outside the EU,
the EU authorized representative is:
Springer Nature Customer Service Center GmbH
Europaplatz 3, 69115 Heidelberg, Germany

Printed by Libri Plureos GmbH
in Hamburg, Germany